建筑新人赛

东南·中国 2018 CHINA

GATHER

建筑新人赛
CHINA 东南·中国
2018 Field and Wave
2018 SEU · CHINESE
Contest of Rookies'
Award for Archi Students

主　编｜唐芃　张嵩
编委会｜朱雷　张嵩　马骏华　唐斌

东南大学出版社·南京

建筑新人赛
CHINA 东南·中国
Field and Wave
2018 2018 SEU · CHINESE
Contest of Rookies'
Award for Archi Students

01 写在前面
The Very Beginning 03

马骏华 张嵩

02 评委寄语
Words of Juries 13

杜春兰 范悦 李兴钢 王路
朱竞翔 张雷 张彤

03 优秀作品
Works of Excellence 29

BEST 2
BEST 16
BEST 100

04 竞赛花絮
Titbits of Competition 147

评委老师 作品展览
互动交流 选手风采
……

05 竞赛名录
Lists of Participants 167

参赛者名录 初赛评委名录
组委会名录 志愿者名录

01
写在前面
The Very Beginning

01 写在前面
The Very Beginning

马骏华 张嵩

02 评委寄语
Words of Juries

杜春兰 范悦
李兴钢 王路
朱竞翔 张雷
张彤

03 优秀作品
Works of Excellence

BEST 2
BEST 16
BEST 100

写在前面

——本届新人赛数据概览

[马骏华] Ma Junhua

[张　嵩] Zhang Song

今年是东南·中国建筑新人赛的第六次举办，共收取到来自 91 所院校的海选作品 1153 件。经过来自全国各校近百名老师的网络初评，选出的 BEST100 作品，于 8 月 16 日至 22 日在东南大学展出。

本届赛事有幸邀请到了重庆大学杜春兰、大连理工大学范悦、中国建筑设计研究院李兴钢、清华大学王路、香港中文大学朱竞翔、南京大学张雷、东南大学张彤 7 位老师组成本届决赛评委团，于 8 月 19 日在作品展览现场进行了决赛评图，从 BEST100 中优选出 16 份作品参加了当天下午的公开答辩（图 1）。以现场点评和公开投票的方式，最终选出"舱体和它的三个窗口"以及"林木书院"两份作品作为本届赛事的 BEST2。它们代表中国赛区参加了 2018 年的亚洲建筑新人赛总决赛（图 2）。

图 1　决赛终辩点评现场

图 2　BEST 2 颁奖现场

04 竞赛花絮
Titbits of Competition

评委老师
作品展览
互动交流
选手风采
……

05 竞赛名录
Lists of Participants

参赛者名录
初赛评委名录
组委会名录
志愿者名录

本届新人赛共收到参赛作品的数量比上届增加了31.62%。同时，作品的学校来源也日渐广泛，参赛学校数量较上届增加了10.98%（图3）。从参赛年级构成来看，低年级同学参与也比往年更为积极。统计显示，大一、大二的参选作品数量分别为14%和40%，这个比例比上届分别增加了4%和3%。

这次赛后，我们选取一些角度，对本届新人赛BEST100作品的数据进行了统计分析，并与前两届赛事的数据比较，归纳出本届赛事的一些特点。其中有的数据印证了我们的直觉与预想，有的数据则让我们注意到容易被直觉忽视的方面。

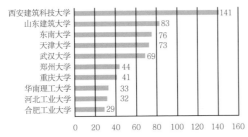

西安建筑科技大学 141
山东建筑大学 83
东南大学 76
天津大学 73
武汉大学 69
郑州大学 44
重庆大学 41
华南理工大学 33
河北工业大学 32
合肥工业大学 29

0　20　40　60　80　100　120　140　160

＊除以上院校，还有512件作品来自其他院校。

图3　2018新人赛各校海选作品数量

一、题目的功能内容类型构成

我们把参选作品分为居住、活动中心、展览、城市综合体、空间小品等几个大类①，从这些功能类型的分布情况来看，有如下几个特点（表1）。

1. 居住空间是长盛不衰的选题

居住类题目在三个年级均有较多涉及，尤其在一、二年级更居主力地位。近三年的BEST100作品中，居住类建筑选题始终占据着较大比例。

2. 内容复杂程度与年级增长成正比

与直觉相符，展览、活动中心、城市综合体等内容较复杂、表达要求亦高的题目，随着年级增长而比重上升。数据显示：一年级作品中，活动中心作为功能内容最复杂的种类，占比仅6%；而二年级作品中，活动中心、展览、城市综合体这几种比较复杂的建筑类型占比之和就已达到35%；三年级作品中，则增加了大空间场馆、观演建筑等更为复杂的建筑类型，几类建筑总占比达到了54%。

初选优胜作品中的这一分布规律，显示出问题处理、图面表达等设计基本功在竞赛中的重要性。

01 写在前面
The Very Beginning

马骏华 张嵩

02 评委寄语
Words of Juries

杜春兰 范悦
李兴钢 王路
朱竞翔 张雷
张彤

03 优秀作品
Works of Excellence

BEST 2
BEST 16
BEST 100

表1　2018年BEST100各年级作品功能内容分类占比

	空间小品	工作室	居住类	景观建筑	活动中心	展览类	城市综合体	教育建筑	大空间场馆	观演建筑
一年级	27%	27%	33%	7%	6%	/	/	/	/	/
二年级	/	/	45%	10%	21%	7%	7%	10%	/	/
三年级	/	/	14%	5%	26%	29%	12%	8%	3%	3%

3. 高年级中较多的"跨界/混合"倾向

在归类中我们发现，很多作品很难以单一标签归纳其功能属性，而以多标签方能体现出它的"混合"和"跨界"特征，这一现象在三年级作品中较为明显，根据统计，此次BEST100的三年级作品中混合功能建筑占比达14%。不仅设计成果有此表现，很多时候题目任务本身就要求学生超越"明确、单一"的功能模式，去探索建筑中的功能混合与空间多义——这也许说明，设计不再仅局限于对空间形式的"被动处理"，而是拓展到对建筑内容之意义的"主动思考"，这在建筑专业低年级本科教育中已不鲜见。

4. 近三年BEST100作品功能类型分布变化

从功能类型分布情况来看，2016年入选作品里，展览、居住、活动中心、景观建筑为最多项；2017年展览类和景观建筑比重下降，活动中心和空间小品比重则相对上升；2018年增加较多的类型是城市综合体，而空间小品比重则相对下降（表2）。

表2　近三年BEST100作品功能类型分布对比

	空间小品	工作室	居住类	景观建筑	活动中心	展览类	城市综合体	教育建筑	大空间场馆	观演建筑
2018年	4%	4%	25%	6%	22%	19%	9%	7%	2%	2%
2017年	9%	4%	22%	7%	30%	14%	6%	4%	2%	2%
2016年	4%	/	21%	14%	19%	29%	6%	6%	1%	/

04　竞赛花絮　Titbits of Competition

评委老师
作品展览
互动交流
选手风采
⋯⋯

05　竞赛名录　Lists of Participants

参赛者名录
初赛评委名录
组委会名录
志愿者名录

二、题目的基地设定类型分布

我们把题目的基地类型大致分为山地、滨水、历史街区等几类[②]，从相关数据中我们可以解读出如下几个特点。

1. 基地复杂程度随年级增高而增加

一年级以无明显特征的"抽象"基地为主，偏重于建筑本身问题的处理；二年级选用历史街区等相对复杂环境的明显增多，表明建筑与城市的矛盾协调关系开始被重视；三年级则在复杂城市环境占据主力的同时，增加了不少改扩建及历史遗迹等方面的题目，显示出在地形处理上应对更大矛盾与挑战的趋势（表3）。

表3　2018年BEST100各年级作品基地设定分类占比

	无明显特征	校园	滨水	山地	历史街区	改扩建	复杂城市环境	自然环境	乡村环境	历史遗迹等
一年级	56%	13%	13%	6%	6%	6%	/	/	/	/
二年级	35%	/	15%	10%	20%	5%	/	/	15%	/
三年级	11%	13%	6%	5%	13%	11%	28%	5%	5%	3%

2. 近三年BEST100作品基地设定类型分布情况

2016年复杂城市环境、无明显特征、景观地形（如滨水）几类为最多；2017年和2018年无明显特征地形和复杂城市环境的占比各有升降，而滨水地形持续减少，代之以历史街区地形的小幅稳增（表4）。

表4　近三年BEST100作品基地设定类型分布对比

	无明显特征	校园	滨水	山地	历史街区	改扩建	复杂城市环境	自然环境	乡村环境	历史遗迹等
2018年	21%	9%	8%	6%	12%	8%	25%	3%	6%	2%
2017年	12%	9%	12%	2%	7%	5%	37%	9%	6%	1%
2016年	25%	4%	13%	6%	6%	7%	31%	5%	2%	1%

01 写在前面
The Very Beginning

马骏华 张嵩

02 评委寄语
Words of Juries

杜春兰 范悦
李兴钢 王路
朱竞翔 张雷
张彤

03 优秀作品
Works of Excellence

BEST 2
BEST 16
BEST 100

三、题目的面积规模类型比例

面积规模是与设计复杂度相关的另一因子。我们将作品规模分为小品、小型建筑、中型建筑、建筑群落、城市设计等几个档位，对其的统计呈现出如下特征。

1. 与直觉相同，各年级题目的面积规模逐级提升

一年级入选作品均为小型建筑与小品，两者比例四六开；二年级作品则由 67% 小型建筑和 33% 中型建筑组成；三年级作品中，中型建筑的比例则增加到了 82%。

2. 高年级同学在处理小型建筑设计题目上的完成度和思考深度明显加强

三年级作品中仍有少数小型建筑设计入选，但其在技术构造上的设计深度和基地环境的复杂度上都较一、二年级有明显增强，比如第 5、24、60、81 号决赛作品都体现出这一特征。

四、题目中的学生自由发挥项

我们注意到很多入选作品中有一定程度的学生自由发挥空间，比如题目要求或允许学生在功能内容、空间主题、基地选址上可自主选择。这给学生以更广阔的思维空间，也令设计成果有更多维度的呈现。通过数据汇总，可以看出有"自由发挥项"的作品在 BEST100 一至三年级作品中的比重分别达到 60%、56% 和 38%。这说明对设计题目加入自主思考和选择这件事，在学习之初就已被强调。

五、BEST16 中的类型分布

对现场评选中胜出的 BEST16 进行数据统计，显示出如下情况（表 5～表 7）。

1. 各年级现场评选胜出概率略同

虽然各年级参选作品数量相差较大，但比较 BEST100 和 BEST16 中各年级作品占比后发现，近两年不同年级作品在决赛中的胜出概率是接近的。

04 竞赛花絮
Titbits of Competition

评委老师
作品展览
互动交流
选手风采
......

05 竞赛名录
Lists of Participants

参赛者名录
初赛评委名录
组委会名录
志愿者名录

表5　近三年 BEST16 作品功能内容类型数量分布

	空间小品	工作室	居住类	景观建筑	活动中心	展览类	城市综合体	教育建筑
2018 年	2	/	7	1	2	1	2	1
2017 年	/	1	4	/	6	4	/	1
2016 年	1	/	5	1	2	5	/	2

表6　近三年 BEST16 作品基地设定类型数量分布

	无明显特征	校园	复杂城市环境	滨水	山地	历史街区	改扩建	自然环境	历史遗迹
2018 年	6	2	3	1	2	2	/	/	/
2017 年	2	3	9	/	/	/	/	1	1
2016 年	1	1	6	4	2	1	1	/	/

表7　近三年 BEST16 作品面积规模类型数量分布

	小品	小型建筑	中型建筑	小型建筑群落
2018 年	2	8	6	/
2017 年	1	6	8	1
2016 年	2	6	4	4

2. 胜出概率并不偏向于更复杂的题目

对 BEST16 作品的功能内容、基地设定、面积规模的分布统计显示出：较复杂地形条件、较复杂功能类型、较大面积规模的作品，在复赛中并不因其更复杂丰富而有更高的胜出率。这可能说明复赛评选中更注重对建筑空间内涵的挖掘，而非对设计技法的驾驭。

3. 与往年情况的比较

对往年数据的回顾显示：2017 年赛事中，较复杂的题目在

01 写在前面
The Very Beginning

马骏华 张嵩

02 评委寄语
Words of Juries

杜春兰 范悦
李兴钢 王路
朱竞翔 张雷
张彤

03 优秀作品
Works of Excellence

BEST 2
BEST 16
BEST 100

复赛中有更高的胜出率；而 2016 年的情况则介于 2017 年和 2018 年之间。

六、学校之间的横向对比

我们选取了本届参赛作品、初赛胜出、复赛胜出数量都排名靠前的几所学校，将它们入选 BEST100 作品的类型分布做了比较（图 4）。从各校的横向对比中，我们可以发现以下一些信息。

① 西安建筑科技大学和天津大学入选作品题目中含自由发挥项的数量较多。

② 东南大学的入选作品中，地形相对最具体，复杂城市环境的比率最高。

③ 从题目功能内容来看，居住类和活动中心在各校入选作品中都有较高

比例，但各校也有自己相对而言的特色题目。比如天津大学有较多展览建筑入选，而西安建筑科技大学有较多小品建筑，工作室作品则在山东建筑大学占比不少。

④ BEST100 各校作品中均有较高比例的小型建筑，但相对而言，西安建筑科技大学的小品建筑占比最高，而东南大学的中型建筑占比最高。

⑤ 就初赛入选作品的年级分布看，西安建筑科技大学以二年级为主力，和其他学校三年级作品明显最多的情况有所不同。

新人赛的数据不一定能全面如实地反映出各校本科教育的相关情况，但相信这样的数据汇总仍能提供一个概观的视角，让我们能对全国建筑学本科低年级设计教育的整体情况有约略的了解。

回顾开办比赛以来的这些年，东南·中国建筑新人赛作为一个面向全国并择优决赛亚洲的赛事，建立了一个开放的平台，让国内所有建筑院校低年级师生可以在此广泛参与、平等交流。来自全国各地不同院校的同学和老师们，在此分享一己之长、欣赏他人之美，在相互切磋和激发中开阔视野、拓展思路。这样的平台提供的机会，对各校师生来

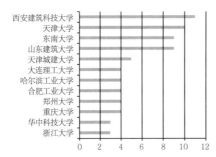

两份作品入选的学校有：北京建筑大学、北京交通大学、华南理工大学、深圳大学、武汉大学、西南交通大学共 6 所。
一份作品入选的学校有：东北大学、河北工业大学、湖南大学、湖南农业大学、昆明理工大学、南京大学、南京工业大学、青岛理工大学、厦门大学、沈阳建筑大学、苏州大学、同济大学、武汉理工大学、西安理工大学、西交利物浦大学、烟台大学、浙江工业大学共 17 所。

图 4　2018 年 BEST100 作品各校数量

04 竞赛花絮
Titbits of Competition

评委老师
作品展览
互动交流
选手风采
……

05 竞赛名录
Lists of Participants

参赛者名录
初赛评委名录
组委会名录
志愿者名录

说都属难得，对平常交流机会较少的学校和同学则更具意义。

新人赛由全国各建筑院校的大量一线教师完成网络初评，决赛则邀请来自国内外建筑设计界、建筑教育界、出版界的业界精英做现场评图和公开答辩评审。行业的多年浸淫使评委们有着深厚的专业底蕴，而不同的从业背景则让评委拥有各不相同的独到视角，因而评图和答辩时交流水准甚高，而且思路活跃开放，场面精彩而时有火花。这样的评选机制使得新人赛建立起开放多元、鼓励创新的赛事价值观。竞赛不仅对参赛学生的问题处理、成果表达等基本功有较高的要求，更能欣赏作品中放飞的想象力和对问题的独到见解。这一价值观通过优秀学生的参赛扩展影响到各院校的建筑本科教育，令学生在日常设计学习中，更加注重开阔的思路和深刻缜密的思维等素质养成。

新人赛一直以"自主、开放、交流"为主题，坚持学生自行组织、学生作业自由投稿、现场答辩揭晓结果等原则。每年进入赛季，东南大学的学生志愿者们就在课余承担起大量的组织、联络、宣传和现场工作，承托起繁忙的赛事。而来自天南地北的各校学生则在决赛三天中相聚东大，其间既有紧张的布展准备、开放的现场交流，也有轻松的参观游览，更有平常难得一见的精英和偶像老师们带来的精彩学术讲座以及现场答辩评审。数年来，东南·中国建筑新人赛已日渐成为建筑界学生的一个暑期节日；而学生们在这个节日中的组织、承担、表达、交流，则成就了大家在大学生活中点点滴滴的成长……

①功能分类设置说明：根据内容主体将功能类型分为居住、工作室、活动中心、城市综合体、展览、景观建筑等几大类。其中有些建筑中含有多种主体内容的，我们根据具体情况赋予多标签，如酒店可能是"居住＋景观建筑＋城市综合体"等。

②基地分类设置说明：将基地分为山地、滨水、历史街区、复杂城市环境、非城市环境、无明显特征等几大类。其中复杂城市环境指位于城市中，有较多周边矛盾需要协调的地形；非城市环境指郊野、遗址等地形。同样地，地形也会出现多标签的情况，如"山地＋滨水"等。

02
评委寄语
Words of Juries

01 写在前面
The Very Beginning

马骏华 张嵩

02 评委寄语
Words of Juries

杜春兰 范悦
李兴钢 王路
朱竞翔 张雷
张彤

03 优秀作品
Works of Excellence

BEST 2
BEST 16
BEST 100

杜春兰

Q：本次新人赛有什么让您印象比较深刻的作品吗？

A：有啊，印象深刻的作品有很多。比方说一年级的作品让我感受很深刻，有一个叫做《留白》的作业，我觉得印象特别深。在一年级当中，对整个的城市肌理、小区肌理的那种关系，做得那么深刻，而且不在外观上做表象文章，反而是把功夫下在里面，切出来以后整个的肌理是不变的，这点让我印象非常深刻，对空间的这种感受。第二就是到了三年级的时候没想到同学们对建筑技术的掌握，特别是《穿针引线》给我印象特别深刻。对现代技术的运用，和建筑是理想当中的作品，跟环境之间关系怎么样，我觉得这是应该在我们教学当中贯穿到底的，而不是刚开始就特别功利，应该抱有一种理想状态。但是也能看到有些学生的作业，我觉得有点脱离了建筑学的本体，让我们也感觉到一丝担忧。一个建筑师，你的主体任务到底是什么，你是要对你房子以内的东西负责，还是说整个房子的外观，到技术、到内部，你全部都要负责？这点使我们重新思考建筑学教育是不是要回归本源，而不应该被现代技术的冲击丢掉了自己的坚持。

04 竞赛花絮
Titbits of Competition

评委老师
作品展览
互动交流
选手风采
……

05 竞赛名录
Lists of Participants

参赛者名录
初赛评委名录
组委会名录
志愿者名录

Q: 您认为一个好的作品需要有哪些方面的特质?

A: 好的作品应该是对自然环境的一种贴近和融合,要考虑到这个房子应该跟环境相融合,就是不能去破坏环境,因为你的存在破坏了它原有的肌理,这点是我觉得应该要特别注意的。而且应该在尽可能的前提下,收四时的风景于自己的怀抱当中,同时也应该考虑到经济和造价。我觉得用低造价创造出将山水融于自己心间,这样一个建筑才是一个好的建筑。

Q: 您觉得这次新人赛有什么好的地方或者需要改进的地方?

A: 我觉得新人赛好的地方就是有图纸和模型共同配合,这点是让我非常感动的。如果是需要改进的,就是模型的精致度上还需要改进。第二个就是对模型和图纸的辅助说明是不是也可以改进?有一些同学做到了,比如视频或者重点的关键词要点出来。无论你在场或者不在场,(辅助说明)应该把作品灵魂的东西抓出来,这个需要有点感觉。但是确实看到的更多的是欣喜,这样的作业比仅仅有图纸和模型放在那好得多,而且我看到越来越多一、二、三年级之间的这种趋同。其实有才的学生一年级就看得出来,但是也有人可能刚开始一、二年级没有这种状况,到三年级的时候突然就摸到了建筑师应该有的设计的思路和方法。这点也很重要,可以看出课程作业一步一步的安排和对建筑师心路历程的培养。

Q: 有的学校,比如西安建筑科技大学,他们建筑和城规在低年级时就分开教学了。您觉得是分开教学还是联合教学比较好?

A: 其实这样做各有利弊,但是相对来说,我个人认为弊大于利,应该是合起来的。因为建筑、规划,还有景观,其实它们是一个大建筑的分解。建筑,你不考虑环境吗?规划,你难道不去做建筑本身吗?所有这些专业,其实建筑是一个基础,专业能力是一个综合素养,就像你的语文、数学、英语,它是一个基本素养。所以刚开始在低年级当中,我认为应该是建立对空间的关联度,对空间的感知、对自然和人文的共同感知,而不是很强行地把它们分开。事实上,它们在实际当中是分不开的。同一个课题可以有侧重点,但不能完全把它们割裂开,我个人认为应该是更加融合。

01 写在前面
The Very Beginning

马骏华 张嵩

02 评委寄语
Words of Juries

杜春兰 范悦
李兴钢 王路
朱竞翔 张雷
张彤

03 优秀作品
Works of Excellence

BEST 2
BEST 16
BEST 100

范悦

Q：在评审前 100 的作品过程中，您认为各选手的作品反映出的学校教学风格是否有很大差异？

A：作品既反映了各个学校的教学特点，也能体现学生作品的个性和越来越多的多样性。在 2014 年大连理工大学承办过一届亚洲建筑新人赛，再看这几年的变化，总的来说参赛选手作品趋向多样性。当然，相同年级作业类型上各个学校有某种共通性，但是这些年各学校也在根据所在地域的特点以及通过持续的教改和设计研究来深化教学，表现出不同的指向。

Q：在这次评审过程中，您有哪些印象比较深刻的作品？它们本身具有哪些特质打动了您？

A：有两类设计作业给我印象比较深。一类是低年级的几个作业我评价比较高，是主要专注于传统的表现手法，比如手绘和渲染以及手工模型，来表现对于自然或空间的感知。这些基于手绘的设计练习虽然也存在一些程式化的问题，但在一年级阶段我认为是有必要保留和提倡的。另外一类我认为应该鼓励一些有特点的，像运用新的设计和表现手段，比如一些 VR、人机交互技术，

04 竞赛花絮
Titbits of Competition

评委老师
作品展览
互动交流
选手风采
……

05 竞赛名录
Lists of Participants

参赛者名录
初赛评委名录
组委会名录
志愿者名录

我觉得符合这个时代的发展，应该多提倡。另外像机器人和一些新的 AI 技术，对年轻学子来说是一种刺激，反倒容易被掌握。

Q：在新人赛的作品中，可以看到有些是中规中矩不会犯错的设计作品，有些是特点显著很有个性的作品。您认为这两种作品对于低年级的同学来说孰优孰劣？低年级的同学们更应该注重自己哪种作品方向的培养？

A：从评审对象上看，它基本上是课程作业而不是竞赛，作业就要有培养和训练的要求，其实就是任务书上需要我们同学去练就的技能。所以我觉得倒不是中规中矩，应该首先满足基本点，换言之要完成一定的必选动作，要求画的东西你得有，比如任务书要求的基本图不能少。有了必选动作，我们再看是否有提升的部分，所谓的自选项也就是个性或感性的部分。因此，在投票的时候也会留意和观察，去鼓励那些看起来很张扬，也许会有欠缺，但某种程度上又是比较有力量、有野性、有表现欲望的作品。我认为今后建筑的年轻学子应该多一点感性的表达，要给予很好的引导和呵护。

因此，通过新人赛发现"建筑新人"，无论是对国家建设、行业建设还是建筑教育领域，意义都是非常重大的。如果都是平铺直叙，完全理性化的东西，肯定是不行的。

01 写在前面
The Very Beginning

马骏华 张嵩

02 评委寄语
Words of Juries

杜春兰 范悦
李兴钢 王路
朱竞翔 张雷
张彤

03 优秀作品
Works of Excellence

BEST 2
BEST 16
BEST 100

李兴钢

Q：您对这次新人赛的印象如何？

A：三个本科生年级在一起比赛，但还是有一些比较优秀的作业是在低年级出现的。

Q：印象特别深刻的作品是哪个？为什么？

A：有一个很喜欢的作品是《逢竹记》，可惜它没有进入前16强。我觉得这个孩子她很擅长而且做到了把她感性的观察用绘画这种视觉化的方式表现出来，甚至把嗅觉的、色彩的等等视觉之外的感受都用绘画的语言，尝试用视觉化的方式表达出来了。

Q：那您在评图的过程中会特别看重表达方面吗？

A：不光是表达的方面。《逢竹记》在把感性的内容用视觉化的方式表达出来之后，实际上是给自己设定了一种想象和氛围，这种氛围可以通过建筑的方式呈现出来。这一点是我们现在建筑学的教育越来越远离的。我们越来越逻辑化、技术化、理工化，而建筑的内容里非常感性、艺术性的部分慢慢地被边缘化了。所以我觉得这一点是很珍贵的，希望通过我提议这件作品加入答辩

04 竞赛花絮
Titbits of Competition

评委老师
作品展览
互动交流
选手风采
……

05 竞赛名录
Lists of Participants

参赛者名录
初赛评委名录
组委会名录
志愿者名录

这件事来表达我这样的一种关注吧。

Q：很多人认为现在的建筑教育与日后建筑学生的工作环境是脱节的，对于这一点您有什么看法？

A：我觉得职业的环境和教育的环境在某种程度上可以有一定的脱离，并不一定在学校里就要把学生培养成可以直接去从业的建筑师，我认为在职业环境中，仍然需要继续去学习更多本事才能真正达到从业的要求。但在教育环境里他需要把观察和发现问题、解决问题的这样一种能力充分地发掘出来，然后把自己天性中存在的那种创造性、那种感性的思想和情感、那些敏感的部分能够通过建筑的语言呈现出来。这都是需要在教育的环节里充分地挖掘和培养的，并对以后的职业工作形成根本性的影响。

Q：在看大家作品的时候还有什么比较在意的问题吗？

A：发现大家通常对建筑的空间、形式、概念、表现等等都非常关注和重视，但对于建筑的另外一些重要方面，比如结构，相对来讲是比较忽视的，或是不太愿意往深处想。或许大家觉得结构是比较技术性的东西，但事实上结构恰恰是建筑里面很重要的部分，它的重要性不亚于空间、形式、概念、表现，是不可或缺的本体内容；而且从结构思考的这样一个角度也会有很多创造性，会给人们的使用、建筑的形式和空间提供更多的可能性。

所以我很关注建筑学院的同学是否能够使自己长期保持一种感性的捕捉和表达，同时对于建筑中重要的技术和结构部分，不必把它们当成纯粹的技术，而是当作建筑设计的重要内容去探求。

Q：新人赛与别的竞赛相比的特点在于学生使用平时的课程作业来参赛，您觉得这样的比赛对于学生来说有什么特别的意义吗？

A：我觉得这是一种挺好的方式。一是大家不用专门花时间做一个设计，而是直接把自己平时的作业拿出来竞选，很节省时间和精力；同时，其实平常的作业完全可以反映同学各自对建筑的思考和认识，可以完全反馈出来。而且新人赛还有一个好处是，它有很多的学校甚至还有很多亚洲不同国家的同学在一起参加，这样大家可以有机会以此方式进行充分的交流，不管是同学还是教育工作者以及像我们这样的职业建筑师，都可以通过这样的一种比赛和评选方式，观察到建筑教育在不同地方、不同国家的状态。

01 写在前面
The Very Beginning

马骏华 张嵩

02 评委寄语
Words of Juries

杜春兰 范悦
李兴钢 王路
朱竞翔 张雷
张彤

03 优秀作品
Works of Excellence

BEST 2
BEST 16
BEST 100

王路

Q：这次哪一个是给您印象最深的选手或者作品？

A：我印象比较深的是一个基于潮汐变化的设计，那个方案的选题和思路我觉得都还挺有特点，所以印象比较深。

Q：您觉得新人赛跟其他竞赛相比，最大的特点是什么？

A：我是第一次参加新人赛的评审，虽然是学校的课程作业，但评审的过程中学生可以跟评委互动，这样的关系是别的比赛没有的，而且学生可以讲解自己的方案，使评委能够更加清楚地了解学生的构思。因为有很多学生在一起，所以老师的评论也会给其他学生一定的启发。

Q：对于低年级的本科建筑学教育，您觉得学校跟老师能够再需要一些什么，再引导一些什么？

A：今天评的作业有一年级到三年级，各个年级课题的规模、类型与难度都有不一样的地方。低年级主要是在训练基本的空间、使用、材料等等，高年级难度就会加大。但其实我也发现，从今天来看，一些低年级的作业实际上还蛮完整的，它有自己独到的

04 竞赛花絮
Titbits of Competition

评委老师
作品展览
互动交流
选手风采
......

05 竞赛名录
Lists of Participants

参赛者名录
初赛评委名录
组委会名录
志愿者名录

概念，对建筑空间、材料，包括对基地环境都有一定的认识。

到二、三年级你会发现学生在表达方面会更加成熟一点，知道怎么样把图纸与他的想法结合，同时运用学习积累的对建筑结构、材料等方面的知识，能够把他的作业表达得更加深入一些。但从参赛的作业来看，大部分一、二年级的学生已经对建筑有基本的认识。

Q: 对于不同学校设计任务以及设计风格的差别，您有什么看法？

A: 其实评的时候没有太在意看作业是哪个学校的，但我发现实际上还是会有一些特点。不同学校之间的作业在完整度方面，在分析和排版等方面还是有一定的差别。比如说有的就会散一点，有的逻辑性强一点。不说具体是哪几个学校，但能感觉到还是会有不一样的地方。

Q: 您有什么话想对建筑新人们说一说，或者是对建筑新人有哪些期望？

A: 实际上在学校这段时间是很宝贵的，参加新人赛也是很难得的一个机会，为大家提供了一个很好的交流平台。建筑是一种生活的艺术，它与我们的日常生活和情感息息相关，我们的同学都还是对建筑有发自内心的兴趣，都怀着一种梦想，希望同学们能持续地拥有这种内在的驱动力，不断地用独特和有趣的想象来改善我们的生活环境，丰富我们已熟识的世界。

01 写在前面
The Very Beginning

马骏华 张嵩

02 评委寄语
Words of Juries

杜春兰 范悦
李兴钢 王路
朱竞翔 张雷
张彤

03 优秀作品
Works of Excellence

BEST 2
BEST 16
BEST 100

朱竞翔

Q：朱老师，第一次作为新人赛的评委有什么感想呢？

A：很荣幸，因为这个活动就是比较非官方的，比较自发，能帮到年轻人。

Q：您在竞赛过程中有什么印象深刻的作品？

A：水准还是比较平均。有一两件需要我们多费点脑筋，明白他想干什么，然后要找到他的漏洞。因为如果完全找不到漏洞，基本上就是非常卓越。如果我们需要动脑筋才能找到这个漏洞，一般说明他已经收拾或者把问题理得比较清晰。这个级别的作品大概有两三件。

Q：您觉得在投票的过程中，您的标准是什么？

A：我的标准还是很直截了当的，最强的作品一定是发展能力强，概念也强。然后退一个档次，要么是概念不错，但是没有发展得非常好；要么就是发展还不错，概念比较平实。两种情况下面要具体来看，对基础教学或者对某些学校，我可能会期待更好的概念。好比说东南，我可能会说能不能有更好的，基础训练不错，所以我们会说有没有一些调皮捣蛋的、一些出人意料的概念。但是如果是基础训练没有那么严密的学校，我可能就会说，我们要给学生一个信号，发展能力非常重要。因为发展能力几乎是你长期职业的一个根本，在这之上，有哲学、艺术、历史方面的思考和设计领导，所以总的标准是这样。第三个标准就是自然。自然的意思是说，模

04 竞赛花絮
Titbits of Competition

评委老师
作品展览
互动交流
选手风采
……

05 竞赛名录
Lists of Participants

参赛者名录
初赛评委名录
组委会名录
志愿者名录

型里面想讲的和你图里面想讲的是有相互支持的可能。有很多人的图是不支持模型，或者说模型不支持图，两个反差大。我作为一个观众，在几分钟之内去做判断，我当然要找 view 了，不能给我一堆很小的 diagram，让我去分辨你的过程，这个是反常识的。如果你是一个关于内部空间的，然后你给我一个比例很小的模型，你是互相冲突的；如果你的概念本身就是在城市级别的，然后你给我放两个很大的节点模型，那也是冲突的。所以这就是我们讲自然，你想干的事，最强的那件事，应该在方方面面得到体现。

Q：观察到您在浏览作品的过程中比较注重结构体系，您觉得这样有什么好处？

A：结构体系是建筑里面最终的流程。罗马的城市都是结构留下来的，其他剩下的东西会被日常的东西给侵蚀掉，会被自然清除掉。所以你加了很多棍儿，加了很多装饰性的构件，这都不构成设计的根本。但如果你的棍儿是结构的一部分，然后有非常强有力的安排，那么哪怕其他部分不做，我们也会承认的。

Q：您认为我们作为新人，在学习过程中更应该注重哪方面的训练？

A：多下工地，热爱生活，然后多反思。建筑学是历史最长的行业，对吧？人类建造历史有记载以来，起码有5000年以上，你的人生的职业生涯只有50年，你受教育只有5年，你凭什么用5年去接收5000年的信息，然后在50年里还要能够发展超越前面。所以必须是非常巧妙的方法，要一边做一边记录，一边反复看，一边要思考，一边还要跟别人寻找差异，然后所有的事情合在一起，有机会在很小的点上做一点。

Q：您有没有觉得各个学校之间有差别？

A：还是很清晰的，因为大陆院校的教学体系是有分别的，总体上工程训练和职业训练的痕迹是比较重的，设计训练还有点模糊，概念训练也有很多学校在追，但是在基础不牢靠的情况下就会显得有点作。这个是需要全方位 program 的增进，需要职业领域有很强的老师，技术训练课也要有很强的老师，然后所有老师都承认设计当中的内核。设计是关于怎么聪明做决定的一个科学，是一个决策科学设计。做好设计，你转行成律师，发展成医生或时装设计师，都是很轻松的。无非就是说在很多的议题下面，我可能清晰准确地做一个符合多数人，也符合你个人内心的一个决定。那么建筑，只是我们拿设计科学在某一个领域应用的一个成果。所以还是有很多的空间，我们可以找到一些设计科学能够带动其他体系，包括人文学科、人文教育，还有技术教育。

01 写在前面
The Very Beginning

马骏华 张嵩

02 评委寄语
Words of Juries

杜春兰 范悦
李兴钢 王路
朱竞翔 张雷
张彤

03 优秀作品
Works of Excellence

BEST 2
BEST 16
BEST 100

张雷

Q：您认为建筑新人赛和其他一些面对建筑本科学生的竞赛相比，它最大的不同点是什么？您对新人赛有什么样的理解？

A：建筑新人赛直接用课程设计的题目，同学们用自己的课程设计成果报名参赛，也是一种对各个高校设计教学成果的评价。和其他主题竞赛不太一样的是，它非常丰富，从一年级到三年级，各种各样的设计课题都有，各种各样的问题也都会涉及，整个评审的过程也是同学们之间以及和老师之间交流的过程，很有意思。

Q：您认为在参加建筑新人赛的过程中，建筑新人们应该关注些什么？应该怎样看待建筑新人赛这样一个面向本科低年级的竞赛？

A：要保持平常心，关注每一个课程设计的练习，面对并学习解决设计问题的方法，在某些方面要有特别的思考。不是要做看起来面面俱到的建筑方案，还是要特点鲜明，特别是表现方式，要简洁明了。

04 竞赛花絮
Titbits of Competition

评委老师
作品展览
互动交流
选手风采
……

05 竞赛名录
Lists of Participants

参赛者名录
初赛评委名录
组委会名录
志愿者名录

Q：您认为刚步入建筑学大门的新人们应该重视哪些方面的学习和积累？作为老师能够给予他们什么样的引导呢？

A：一个建筑学生到一个职业建筑师，是一个非常漫长的成长过程。学建筑交流非常重要，通过和老师及同学的交流，以及实地考察优秀的作品，找到自己感兴趣的方面，慢慢培养自己的建筑认知和思考。帮助大家理解建筑学要解决哪些问题，并培养理性的职业的态度，是建筑教学最重要的环节，还要帮助大家保持对建筑学的兴趣和热情。

Q：在昨天的讲座中您也提到，要向一些没有建筑师的建筑去学习。在本科教学中比较强调向一些先例和大师作品学习，您认为这两者是否有什么联系？

A：我觉得这两点都重要。向建筑学的经典学习，多多少少学到的是用我们当代的建筑语言去解决空间需求的能力。向没有建筑师的建筑学习，更重要的是理解建筑和生活及人之间的关系。价值观和方法论是基础。

Q：最后能请您对参加建筑新人赛的新人们说几句话吗？

A：建筑新人赛不单单是比设计方案，更重要的是同学们能够聚在一起相互交流，同学之间交流，不同的学校之间交流，大家也有机会和老师、评委交流，大家要更看重学习交流的过程，而非结果。

01 写在前面
The Very Beginning

马骏华 张嵩

02 评委寄语
Words of Juries

杜春兰 范悦
李兴钢 王路
朱竞翔 张雷
张彤

03 优秀作品
Works of Excellence

BEST 2
BEST 16
BEST 100

张彤

Q：请问老师之前参加过建筑新人赛吗？

A：这些年一直是东大在组织建筑新人赛，我之前参与过一些新人赛的组织准备工作，但以评委的身份参加还是第一次。

Q：从主办方到评委的身份转变，您对新人赛作用价值的定位会有什么样的转变？

A：我觉得三年级以下能有这样一个全国性的比选，而且反映的是平常真实的教学情况，不是另外专设的题目，这对同学们来说是一个很好的交流机会，各校也能把教学的真实情况做个观摩和比较。此外，获奖的同学还有机会到亚洲层面进行交流。新人赛有一个特点，它直接比作品，选学生，不针对学校的教案。所以，对个人来说是个更好的机会。

Q：在这次新人赛的评选过程中，有没有遇到让您印象深刻或者是感到惊喜的作品？

A：这个倒有点难说，看到现在还没有遇到特别让我惊喜的作品。

04 竞赛花絮
Titbits of Competition

评委老师
作品展览
互动交流
选手风采
……

05 竞赛名录
Lists of Participants

参赛者名录
初赛评委名录
组委会名录
志愿者名录

Q：作为评委，您会从哪几个方面来评判一个作品？

A：我觉得首先是参赛者如何用建筑来表达生活、组织环境，或者如何用建筑的方法去解决一个问题。评选一个作品时，概念是没有好坏之分的，它来自个人的经历、理解和想象。但设计是面对问题，并对解决问题给出方案。每个人在各自建立的概念框架中，寻找解决问题的有效方法，这个是更重要的事情。让我稍稍有点失望的是，一轮看下来大家对于概念的表述比较多，讲故事讲得多，很少看到准确剖析问题并给予巧妙解决的好方案。如何用建筑来解决问题，我们专业有自己的工具，比如说平面图、剖面图、材料的选择和组织等等。刚刚跟其他评委开玩笑说，到现在还没看到一张像样的平面图。

Q：那么在您看来，一张"像样的平面图"应该包含哪些特质？

A：一张"像样的平面图"是对概念主题的证明，是对所指问题的解决路径，并且体现出空间和场所的质量。当这些得以相互印证、整体呈现时，这是个好的方案的平面图。当然，平、立、剖面图都有专业的技巧。建筑学的特点是，技巧本身自有动人之处。

Q：听闻您担任高年级设计课老师，并参与了学校高年级的设计教学。而在新人赛这个平台上，我们可以了解到国内各大建筑高校的低年级教学情况，以及建筑新人在接受了基础教育后的成果表现。处于这样一个建筑新人向更高层次学习发展的转变节点，您有什么建议指导给他们，帮助他们完善设计、学习能力？

A：我觉得低年级的设计教学需要着重两个方面：一是视野和价值观的建立，二是专业方法的训练。建筑学是承载了人与环境几乎所有问题的最综合的工程学科，建筑学的教育在起点上就要建立开阔的视野和正确的价值观，这是最重要的。在方法训练上，像东大这样的教案会把综合问题分解开来，在低年级用区分而累进的教学阶段来训练对分解问题的解决，以此认识从问题到概念再到技术方法的设计思维。进入高年级后，设计课训练的是综合解决复杂问题的项目设计。在建筑工程中，没有问题是被单独解决的，项目思维训练的是在开阔的视野中综合而平衡地解决问题的能力。在设计课中，你需要自己去发现问题，理解不同问题的需要，厘清相互之间的关系，寻求综合而平衡的解决路径，与此同时保持概念的独立和鲜明。我觉得这是真正成为建筑师的开始。

03
优秀作品
Works of Excellence

01 写在前面
The Very Beginning

马骏华 张嵩

02 评委寄语
Words of Juries

杜春兰 范悦
李兴钢 王路
朱竞翔 张雷
张彤

03 优秀作品
Works of Excellence

BEST 2
BEST 16
BEST 100

毛珂捷

东南大学二年级
指导教师：朱雷

指导教师点评

　　设计基于现场观察，采取简洁有力的策略应对丰富的历史环境和景观资源：三个分立的小体量连续楔入坡地，在化解形体的同时，抽象简洁的几何亦与景观环境及其历史背景相映衬，并形成内外互观的框架。分立的小体量下部连为整体，配合外部坡地台阶所带来的倾斜曲线，形成类似舱体的空间节奏和序列，除对水面间或开敞之外，另以局部挑空和下沉庭院引入光线和视景。由此，建筑形成上下贯通、明暗相间、前后联系的整体，并以特定的视窗分别截取大报恩寺塔、明城墙及秦淮河的视景，配合游客的行进和驻留，促成移步易景、收放有序、连续变换的景观体验。（朱雷）

BEST 2

舱体和它的三个窗口

04 竞赛花絮
Titbits of Competition

评委老师
作品展览
互动交流
选手风采
……

05 竞赛名录
Lists of Participants

参赛者名录
初赛评委名录
组委会名录
志愿者名录

任务书

　　在给定用地范围内，任选从道路至水面的一块用地，包括水面、岸线、陡坎等。建筑檐口高度小于等于 4m，建筑占地面积不超过 300m²，建筑面积不超过 400m²，建筑占水面的面积不超过建筑总占地面积的 50%，所有功能在屋顶之下连通。建筑与场地需要考虑无障碍设计。

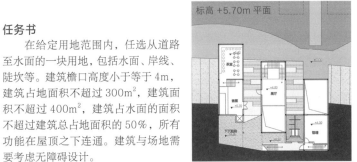

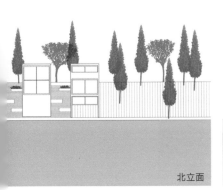

01 写在前面
The Very Beginning

马骏华 张嵩

02 评委寄语
Words of Juries

杜春兰 范悦
李兴钢 王路
朱竞翔 张雷
张彤

03 优秀作品
Works of Excellence

BEST 2
BEST 16
BEST 100

舱体和它的三个窗口
滨水驿站设计 waterfront station
姓名：毛珂捷 指导老师：朱雷

BEST 2
舱体和它的三个窗口

PHASE 1.1 场地调研——构筑物的延伸

PHASE 2.1 体量生成——自然重复的抽象

PHASE 1.2 场地调研——自然物的重复

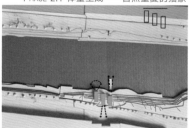

PHASE 2.2 体量生成——错动获得视野

04 竞赛花絮
Titbits of Competition

评委老师
作品展览
互动交流
选手风采
……

05 竞赛名录
Lists of Participants

参赛者名录
初赛评委名录
组委会名录
志愿者名录

设计说明

　　该方案的主要想法是在一个下埋的"舱体"上突出三个"窗口"体量，"舱体"连通三个"窗口"并承担了主要候船功能，三个"窗口"为"舱体"提供采光的同时，分别应对场地上的不同景观（秦淮江水、大报恩寺塔、明城墙）进行取景。在体量生成上，突出的三个体量彼此独立，形态相似，是对场地上成排杉树构成规律的抽象和模拟，以此呼应场地的水平延伸特点；将底层贯通的"舱体"空间下埋，使建筑体量完成隐与显的对比。在结构上，底层"舱体"空间采用拱结构，单边接地的拱暗示了上方坡道的存在，也形成了类似倒扣的船舱空间，与游船码头及其展览功能产生呼应；同时，突出的"窗口"体量使用了轻钢结构，和底层拱形成的空间完成了轻与重、亮与暗的对比。在建筑体验上，游客从第一个体量向下进入"舱体"空间内，实现由明到暗、从坡上到地下的体验转换；进入舱体后，拱与拱之间空隙的光线吸引人继续向前移动，被"窗口"分割的景观以一种蒙太奇的方式一帧一帧地呈现在人们眼前；最后走出舱体，实现从地下到坡上、由暗到明的体验转换。

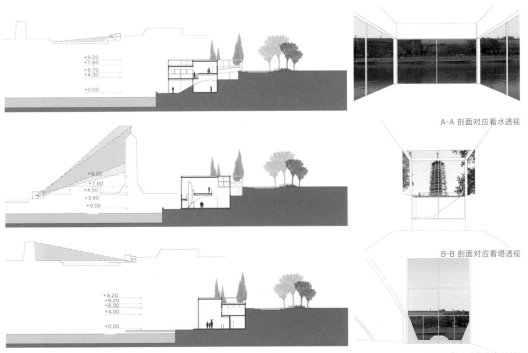

A-A 剖面对应看水透视

B-B 剖面对应看塔透视

C-C 剖面对应看城墙透视

01 写在前面
The Very Beginning

马骏华 张嵩

02 评委寄语
Words of Juries

杜春兰 范悦
李兴钢 王路
朱竞翔 张雷
张彤

03 优秀作品
Works of Excellence

BEST 2
BEST 16
BEST 100

刘力源

北京建筑大学三年级
指导教师：任中琦 蒋蔚

任务书

在学生宿舍楼原址上，重新建造以学生宿舍为主，师生学习、办公和生活设施为辅的书院楼。建筑用地面积 540m²，紧贴大食堂东侧，因而空间操作和功能组织对大食堂本身、周边环境乃至校园氛围影响显著。同时，大食堂顶面空间，将作为书院楼建筑外环境的一部分纳入到设计范围中，并允许部分建筑落影线在大食堂上方。

指导教师点评

"林木书院"是由一系列空间操作练习发展而来。设计为多个由宿舍集合而成的体块构成，分别在平面与剖面上错动叠合，建构逻辑清晰且明确。在首层，与周边环境相结合的开放空间为多样公共活动的发生提供了可能性，多个关联的大阶梯，则将建筑内外公共空间很好地融合在一起。在建筑内部，公共活动平台被一系列楼梯串联起来，持续变化的标高模糊了楼层之间的分隔，剖面以及平面上空间的连续则形成了丰富且通透的空间关系。由此，书院的居住空间与公共活动空间之间不仅是互为图底，而且是在空间层次、视线、光线、交通等方面的相互强化与提升。（任中琦）

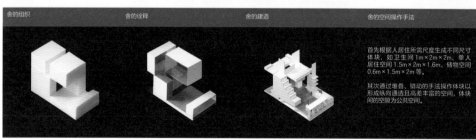

舍的组织　　　　　舍的诠释　　　　　舍的建造　　　　　舍的空间操作手法　　　　　堂的组织

首先根据人居所需尺度生成不同尺寸体块，如卫生间 1m×2m×2m、单人居住空间 1.5m×2m×1.6m、储物空间 0.6m×1.5m×2m 等。

其次通过堆叠、错动的手法操作体块以形成纵向通透且高差丰富的空间，体块间的空隙为公共空间。

04 竞赛花絮
Titbits of Competition

评委老师
作品展览
互动交流
选手风采
……

05 竞赛名录
Lists of Participants

参赛者名录
初赛评委名录
组委会名录
志愿者名录

堂的诠释　　　　　堂的建造　　　　　堂的空间操作手法　　　　　舍与堂

首先将四个 3m×6m×3.6m 的宿舍组合为一个 12m×6m×3.6m 的居住组团，共 60 间宿舍。

其次通过堆叠、错动的手法操作体块以形成斜向通高且高差丰富的空间，组团间的空隙为公共空间；同时保证每四个宿舍的组团共用一个公共空间，且每个组团共用的公共空间有机会再次连通为更大的公共空间。

2 人宿舍，最多可容纳 4 人居住；客厅拥有一面投影墙及面向落地窗的工作台；1m×2m 独立卫生间，冷餐厨房，每人1.5m 宽的床。

书院东南侧下沉，顺应人流方向让出 7.4m 挑高的公共空间；南侧斜向通高的光井串联起阶梯报告厅、图书角、公共厨房等功能区；三层西侧通向食堂顶部羽毛球场与花园。

A-A 剖面及视线分析（左上）

01 写在前面
The Very Beginning

马骏华 张嵩

02 评委寄语
Words of Juries

杜春兰 范悦
李兴钢 王路
朱竞翔 张雷
张彤

03 优秀作品
Works of Excellence

BEST 2
BEST 16
BEST 100

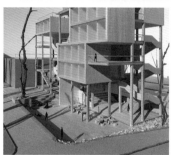

BEST 2

林木书院——学生宿舍综合体设计

设计说明

书院树木环绕，白天可以举办表演、讲座、展览，夜晚可以放映经典老片，阶梯报告厅不定期举办讲座，人们总能在这个书院里找到适合自己的位置，就算只在草坡上躺一躺也好。

1. 舍

宿舍适合 2 人居住，如果带朋友回来，最多可容纳 4 人；可以通宵看电影的客厅，拥有一整面投影墙；面向 3.6m 通高落地窗的工作台；1m×2m 的独立卫生间；冷餐厨房；二层每人 1.5m 宽的床。

首先根据人居住所需尺度生成不同尺寸体块，如卫生间 1m×2m×2m、单人居住空间 1.5m×2m×1.6m、储物空间 0.6m×1.5m×2m 等。其次通过堆叠、错动的手法操作体块，以形成纵向通透且高差丰富的空间，体块间的空隙为公共空间。

2. 堂

首先将四个 3m×6m×3.6m 的宿舍组合为一个 12m×6m×3.6m 的居住组团，共 60 间宿舍。其次通过堆叠、错动的手法操作体块以形成斜向通高且高差丰富的空间，组团间的空隙为公共空间；同时保证每四个宿舍的组团共用一个公共空间，且每个组团共用的公共空间，有机会再次连通为更大的公共空间。

3. 书院

书院可以容纳 60 间宿舍；东南侧下沉，顺应人流方向让出 7.4m 挑高的公共空间；南侧斜向通高的光井串联起了阶梯报告厅、图书角、公共厨房等功能区；三层西侧通向食堂顶部羽毛球场与屋顶花园。

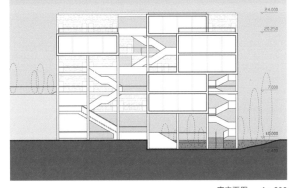

东南侧下沉广场的咖啡厅通高7.4m
树木环绕
白天可以举办表演、讲座、展览
夜晚可以放映经典老片
阶梯报告厅不定期举办讲座
人们总能在这个书院里找到适合自己的位置
就算只在草坡上躺一躺也好

南立面图　　1：300

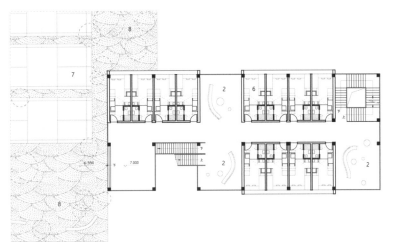

1　书院入口
2　公共休息室
3　阶梯报告厅
4　展厅
5　咖啡厅
6　宿舍
7　羽毛球场
8　屋顶花园

三层平面图　　1：200

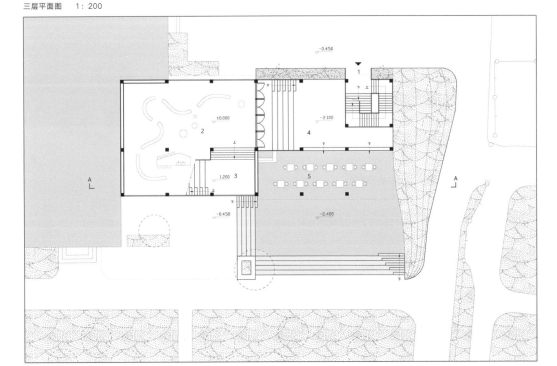

首层平面图　　1：200

01 写在前面
The Very Beginning
马骏华 张嵩

02 评委寄语
Words of Juries
杜春兰 范悦
李兴钢 王路
朱竞翔 张雷
张彤

03 优秀作品
Works of Excellence
BEST 2
BEST 16
BEST 100

竹里馆·曲径通幽

——北院门小客舍设计

齐羽

西安建筑科技大学二年级
指导教师：吴迪

指导教师点评

齐羽同学的作业"竹里馆"，以剖面展开设计分析，通过深入理解高家大院的空间组织，理解基地与高院关系，大胆地利用错层，在狭小的用地范围内塑造了空间的纵深感。用园林化的手法让空间富于变化和趣味。客房的单元化保证了隐私，并巧妙地与高家大院的院落单元呼应。螺旋的走廊避免了单调，营造了蜿蜒画意。作品富于想象力，与原历史文物建筑形成了良好的对话关系。

体块生成 DIAGRAM

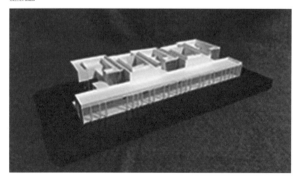

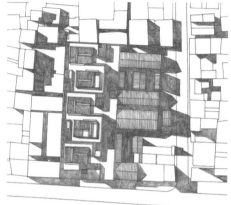

意向图 1:500 MASTER PLAN

初步设计 PRELIMINARY DESIGN

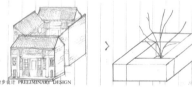

客房组织 GUEST ROOM

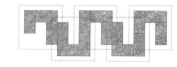

交通组织 PASSAGEWAY

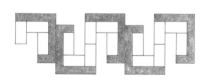

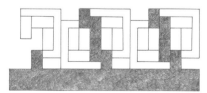

公共空间组织 PUBLIC SPACE

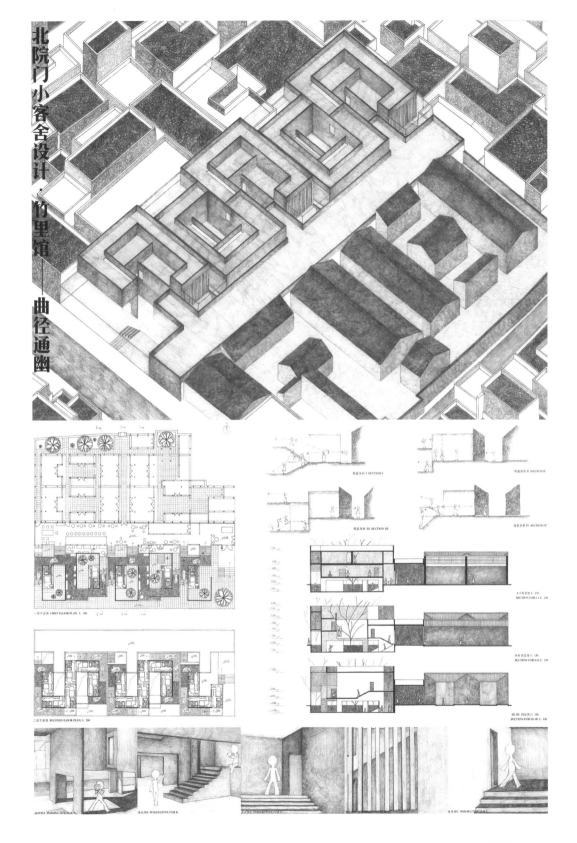

北院门小客舍设计·竹里馆——曲径通幽

一层平面图 FIRST FLOOR PLAN 1: 200

二层平面图 SECOND FLOOR PLAN 1: 200

剖面分析 I SECTION I

剖面分析 II SECTION II

剖面分析 III SECTION III

剖面分析 IV SECTION IV

1-1 剖面图 1: 150
SECTION FOR I-I 1: 150

II-II 剖面图 1: 150
SECTION FOR II-II 1: 150

III-III 剖面图 1: 150
SECTION FOR III-III 1: 150

透视图A PERSPECTIVE FOR A

透视图B PERSPECTIVE FOR B

透视图C PERSPECTIVE FOR C

透视图D PERSPECTIVE FOR D

01 写在前面
The Very Beginning

马骏华 张嵩

02 评委寄语
Words of Juries

杜春兰 范悦
李兴钢 王路
朱竞翔 张雷
张彤

03 优秀作品
Works of Excellence

BEST 2
BEST 16
BEST 100

Share House—Tree Hole

高元本 董睿琪

天津大学三年级
指导教师：张昕楠 王迪

指导教师点评

　　Share House 作为新的住宅类型，近年来在日本建筑设计领域获得了越来越多的关注。在这一类型的住宅中，整个功能体系呈现出一种 Bedroom+ 的状态，即保证入住者最基本的生活空间单位，而将其他的居住行为活动组织在公共生活空间中。

　　高元本和董睿琪同学的 Share House 从创造 Share 的空间类型开始，并以之衍生共存于住居系统，某种程度上达成了"非目的的目的性满足"。"树洞"共享空间类型的植入，成为其他功能性空间联系、进行交流的核心，以一种"中介"状态打破了简单的功能定义。

BEST 16

SHARE HOUSE

Tree Hole

TREE HOLE

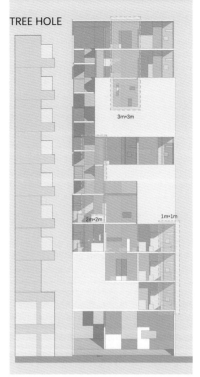

3m×3m

2m×2m

1m×1m

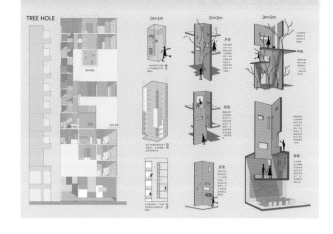

TREE HOLE

1m×1m   2m×2m   3m×3m

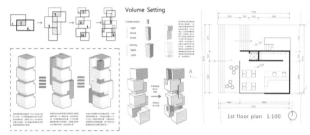

Volume Setting

1st floor plan 1:100

Exploding diagram

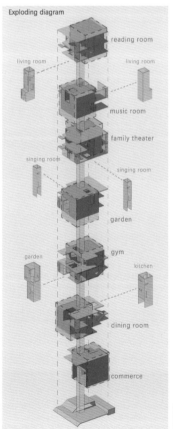

reading room

living room

living room

music room

family theater

singing room

singing room

garden

gym

garden

kitchen

dining room

commerce

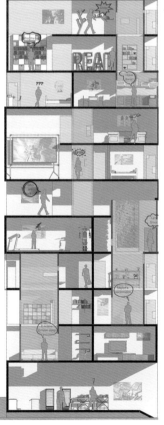

2nd floor plan 1:100

3rd floor plan 1:100

4th floor plan 1:100

5th floor plan 1:100

6th floor plan 1:100

7th floor plan 1:100

8th floor plan 1:100

9th floor plan 1:100

10th floor plan 1:100

11th floor plan 1:100

01 写在前面
The Very Beginning

马骏华 张赢

02 评委寄语
Words of Juries

杜春兰 范悦
李兴钢 王路
朱竞翔 张雷
张彤

03 优秀作品
Works of Excellence

BEST 2
BEST 16
BEST 100

留白

吴思熠

郑州大学一年级
指导教师：张颖宁 张彧辉

指导教师点评

　　对于限制诸多的任务书，该方案在不过多减少内部空间的前提下，做到了形态与空间的巧妙平衡。围合成套筒的板片被斜向切割出四道缝隙并向内推挤，营造出夜晚可以仰望星空的休息区域以及交流区域的小庭院。这块板片整体也被斜向力量推挤，配合玻璃面的设置，使形态上出现了实体套筒与虚体套筒结合的、丰富多变的视觉效果，为这块不大的基地带来了活跃的气氛。

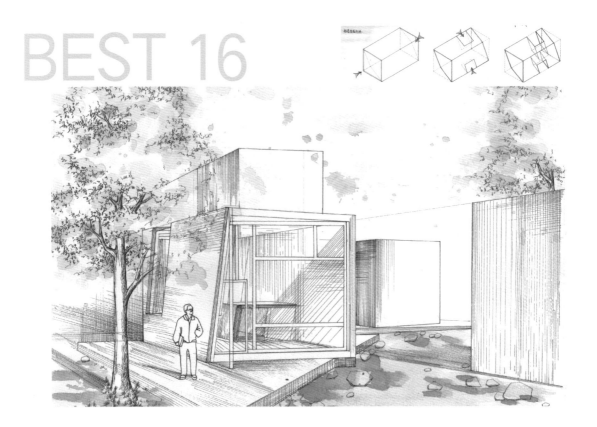

BEST 16

01 写在前面
The Very Beginning

乌瑞华 张鹰

02 评委寄语
Words of Juries

杜春兰 范悦
李兴钢 王辉
朱竞翔 张鹏
张彤

03 优秀作品
Works of Excellence

BEST 2
BEST 16
BEST 100

猫君的秘密世界

丁千寻

华中科技大学二年级
指导教师：周钰

指导教师点评

　　该设计切入点非常新颖，以"猫"这一特殊家庭成员的身体与行为，作为设计展开的主要线索，探索了猫与其他家庭成员之间空间互动的可能性，将日常生活的诗意转化为理想家宅的空间设计。

　　在设计过程中，丁千寻同学遵循教案要求，拟定了内容丰富的家庭生活剧本，并创造性地将其转化为具有抽象绘画特点的事件图解，以此为媒介，理清事件关系，顺利实现了从"生活事件"到"空间组织"之间的转化，完全达到了二年级"空间使用"专题——"理想家宅"设计的训练目标。整个过程具有严谨的空间生成逻辑，又不失灵动与生趣，是一份难得的学生设计佳作。

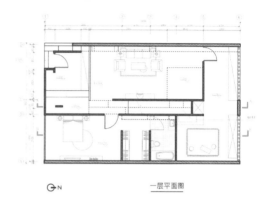

⊕ N　　　　　　　　一层平面图

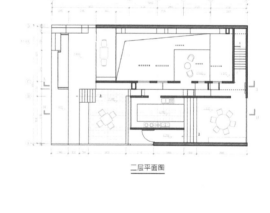

二层平面图

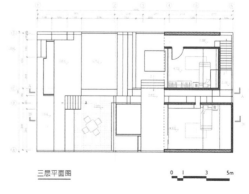

三层平面图

0 1　　3　　5m

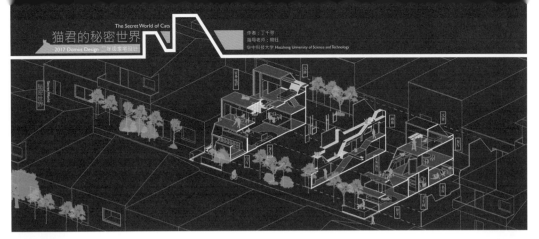

猫君的秘密世界
The Secret World of Cats
2017 Domus Design 二年级课堂设计
作者：丁千寻
指导老师：商柱
华中科技大学 Huazhong University of Science and Technology

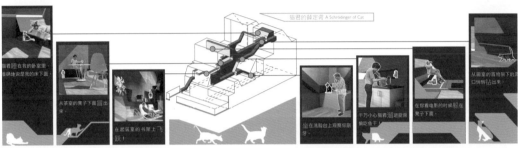

猫君的薛定谔 A Schrödinger of Cat

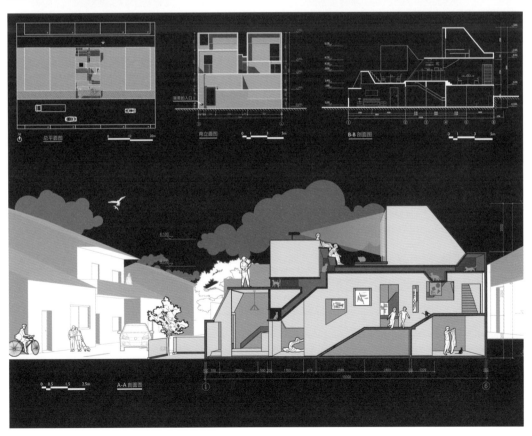

总平面图

南立面图

B-B 剖面图

A-A 剖面图

01 写在前面
The Very Beginning

马骏华 张嵩

02 评委寄语
Words of Juries

杜春兰 范悦
李兴钢 王路
朱竞翔 张雷
张彤

03 优秀作品
Works of Excellence

BEST 2
BEST 16
BEST 100

涂鸦艺术展览馆

王旭

天津大学三年级
指导教师：张昕楠 王迪

指导教师点评

如何以建筑作为媒介去展示涂鸦艺术，这似乎是一个伪命题——毕竟涂鸦作品的载体自然是建筑的墙体表面抑或结构表层。因此，当王旭同学提出主题展馆设计的展览核心为涂鸦作品以及其代表性的三节车厢后，师生之间也曾讨论其成立的可能性以及其后发展的难度。

幸运的是，场地本身的条件特质为设计提供了足够的支撑，而涂鸦活动本身所暗含的公共参与性与表达的自由也为后来的发展带来了线索。最终的方案，以一种理性控制下带来的"失控"状态，很好地反映了艺术作品的特质，并和场所的真实产生了微妙的互动。

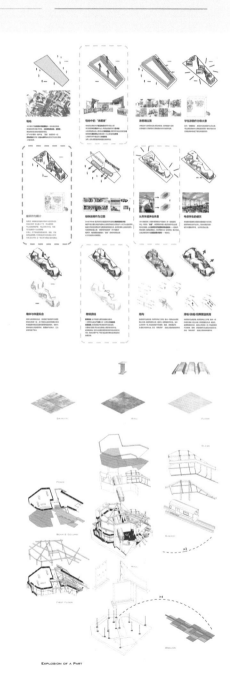

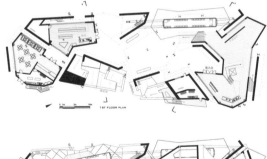

1ST FLOOR PLAN

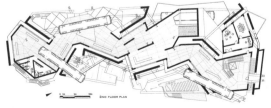

2ND FLOOR PLAN

EXPLOSION OF A PART

GALLERY

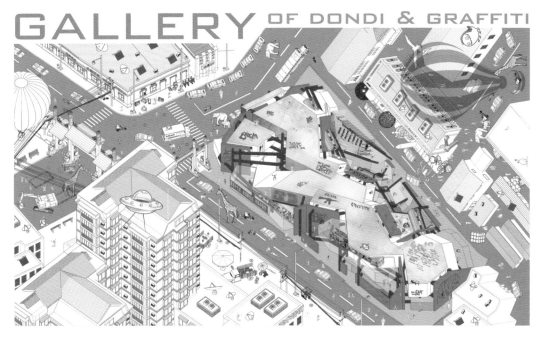

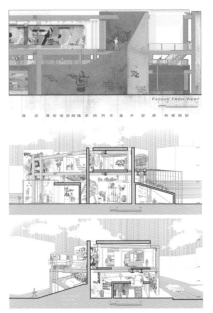

FACADE FROM WEST

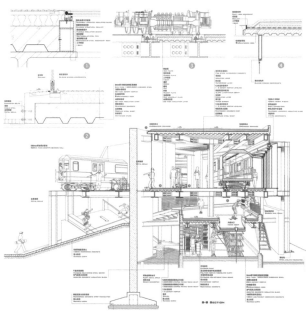

01 写在前面
The Very Beginning

马骏华 张嵩

02 评委寄语
Words of Juries

杜春兰 范悦
李兴钢 王路
朱竞翔 张雷
张彤

03 优秀作品
Works of Excellence

BEST 2
BEST 16
BEST 100

诗意的栖居

——自然中的小型旅馆设计

郭布昕

天津大学二年级
指导教师：胡一可　孙德龙

指导教师点评

　　作者以院落空间的原型、结构、尺度为媒介，寻求建筑设计中人与自然宁谧的关系。将物质空间作为手段诠释在特定场地中，面对特定需求所要实现的特定体验，做到这一点实属不易。整个设计轻松、细腻而不做作，可以看到作者是能敏锐把握生活细节的人。

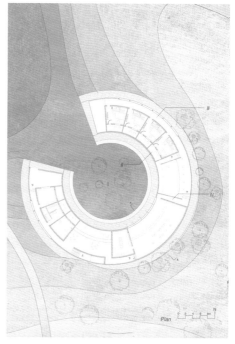

Plan

Nature / Rural Yard / Human
诗意的栖居——自然中的小型旅馆设计

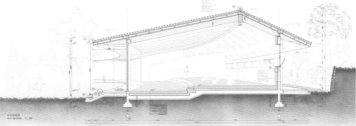

A-A剖面图
A-A Section 1：20

功能分区
Function Division

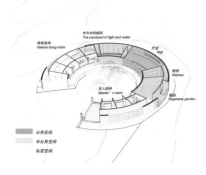

光与水的庭院
The courtyard of light and water

游客房间
Visitors living room

厅堂
Hall

厨房
Kitchen

主人房间
Master's room

菜园
Vegetable garden

公共空间
半公共空间
私密空间

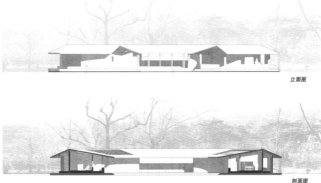

立面图

侧面图

Ⅰ 中间院落	Ⅱ 私密的院子	Ⅲ 后院	Ⅳ 光与水的庭院
The middle yard	*A private yard*	*Backyard*	*The courtyard of light and water*

环形建筑体量围合起场地原有的松树，形成较为公共的院落。

The original pine trees are surrounded by the circular buildings, forming a more public courtyard.

每个房间的小院子较为私密，人站起来可以望向林院，坐下时院中人的视线被遮挡，夜晚可以在此观星。

The small courtyard in each room is more private. People stand up and can look to the courtyard. When sitting down, the view is blocked by a short wall, and stars can be seen here at night.

游客居住的房间与后面的果园之间用竹门遮挡，清晨人从房间出来时，阳光透过竹门将树影投在墙面上。

The living room and the orchard are separated by bamboo doors. When people come out of the room in the early morning, sunlight passes through the bamboo doors to cast shadows on the walls.

人从院子一侧墙上的圆窗可以望到另一侧的圆洞，从南边直射进来的光与经水面反射的光在圆洞里相遇。

From the round windows on the side wall of the courtyard, people can see the round hole on the other side. The light coming from the south and the light reflected by the water meet in the round hole.

Every single room has a table near the window, and people can see the middle yard through the window. The shadow of the tree in the courtyard is thrown on the curved gate beside the table. The tree comes in.

01 写在前面
The Very Beginning

马骏华 张嵩

02 评委寄语
Words of Juries

杜春兰 范悦
李兴钢 王路
朱竞翔 张雷
张彤

03 优秀作品
Works of Excellence

BEST 2
BEST 16
BEST 100

缝戏·之间
——历史街区美术馆 + 设计

许宁佳

天津大学三年级
指导教师：杨菁 辛善超

BEST 16

指导教师点评

　　许宁佳的方案"缝戏·之间——历史街区美术馆"，是她三年级下学期的课程设计。这是天津大学建筑学院本科三年级常规班第一次尝试的题目，任务书名为"美术馆+"。课程训练目标有两点：首先，延续了天大三年级课程设计的基本要求，即尝试从概念到形体的生成过程，并对美术馆功能对应的空间趣味进行探讨；第二，结合天津城市的特色，三块备选基地都在原租界区，方案从物理空间和社会生活两个层面，都要呼应基地所在的复杂城市环境。题目中的"+"即要引入一个不同于美术馆的功能，但是两者之间要有良好的互动关系。

　　许同学的方案选在了意租界这个地块，基地的特点是西面和南面临城市主干道，东面和北面临租界内的建筑。方案的主要概念就是要创造出不一样的公共空间，一个夹在底层的屋顶和上层的楼板之间，可以产生无数可能性的公共空间。这个空间可以联系底层的艺术教室和顶层的美术馆，也可以将人流引入其中，成为空中的城市广场。而美术馆部分则希望可以提取最纯净的形式，产生轻薄、反引力的错觉，创造出仿佛"漂浮"在空中的体型。

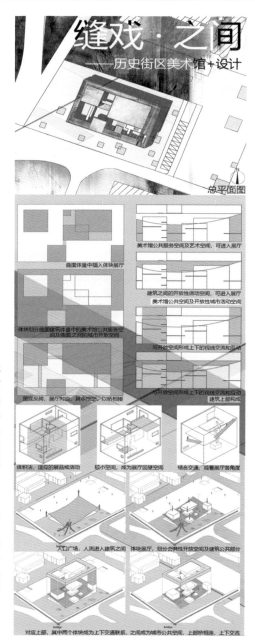

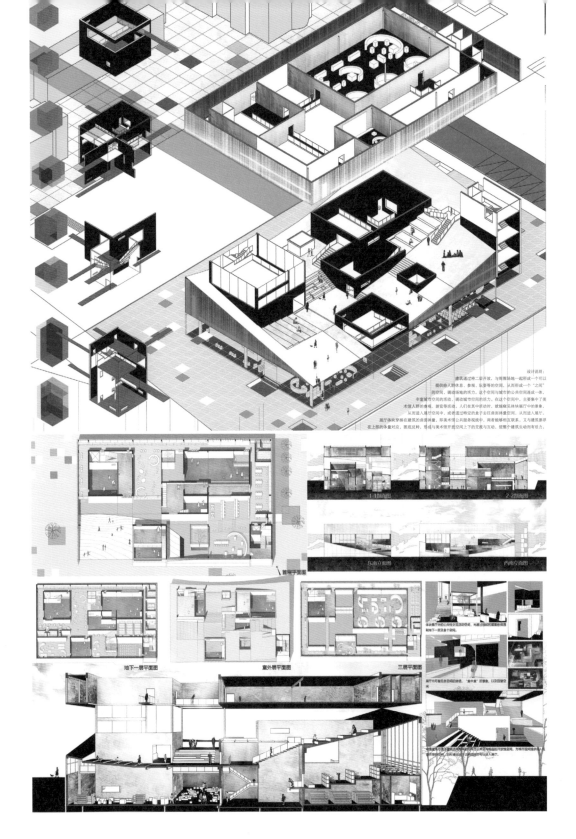

设计说明：
建筑通过将二层开放，与周围场地一起形成一个可以
提供给人群休息、参观、玩耍等的空间，从而形成一个"之间"
的空间，调动场地的活力。这个空间与城市的公共空间连成一体，
丰富美术馆空间的活动，调动城市空间的活力。在这个空间中，美
术馆人群的参观、游览等活动，人们在其中游动中的穿梭，都将成为了美
从而进入展厅空间中，或者通过特定的盒子去往展面楼梯，从而进入展厅
展厅体块穿插在建筑的虚面体量，即美术馆公共服务系统中，两者能够相互联系，又与建筑原浮
在上部的体量相对应、阴底反转，导成与美术馆开放空间上下的交流与互动，使整个建筑生动而有活力。

01 写在前面
The Very Beginning

马骏华 张嵩

02 评委寄语
Words of Juries

杜春兰 范悦
李兴钢 王路
朱竞翔 张雷
张彤

03 优秀作品
Works of Excellence

BEST 2
BEST 16
BEST 100

利用地形建构生活

——坡地双宅设计

刘圣品

山东建筑大学二年级
指导教师：郑恒祥

指导教师点评

　　"重院叠巘涧，琴声入画眠。"本方案是坡地上为钢琴家和画家夫妇设计的双宅。以 5m*5m 的正方形为基本模数，通过模块化的手法处理地形和建筑主体。利用体块操作和片墙突出室内空间和室外庭院的关系，并通过对各个院落功能和形态上的不同处理以及自然景观的利用，加强室内外空间的渗透感，建构两个家庭自然美好的生活。

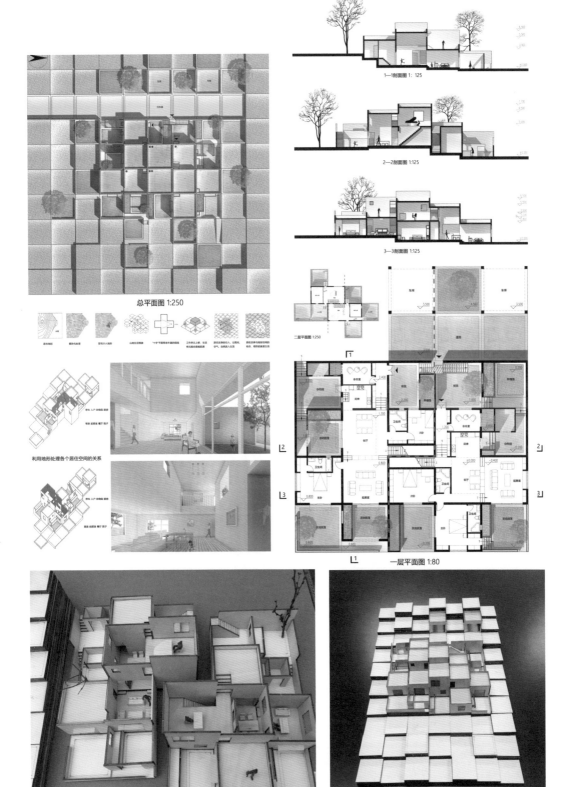

总平面图 1:250

利用地形处理各个居住空间的关系

1—1剖面图 1:125

2—2剖面图 1:125

3—3剖面图 1:125

二层平面图 1:250

一层平面图 1:80

01 写在前面
The Very Beginning

马骏华 张嵩

02 评委寄语
Words of Juries

杜春兰 范悦
李兴钢 王路
朱竞翔 张雷
张彤

03 优秀作品
Works of Excellence

BEST 2
BEST 16
BEST 100

念

朱倍莹

西安建筑科技大学一年级
指导教师：俞泉 李少翀 吴涵儒

指导教师点评

　　这个"念"的茶室空间，有一个明确的概念，是为作者家人设计的思念姥姥的一个茶室空间，媒介是茉莉花。整个喝茶的过程，起承转合离，无不是用空间转译的手法逼近主题"念"，将作者情绪与空间的形式紧密结合，最后来一片种满茉莉花的开敞之地作为离场，用 5m×5m×5m 的空间叙述出较完整的建筑概念。作为一年级的学生来说，建筑空间与喝茶者的行为配合紧密，建筑空间也烘托了思念的主题并使之得以升华，空间有一定的情绪表达，较好地达到了我们课题对于一年级学生的课程要求。

念
MISSING

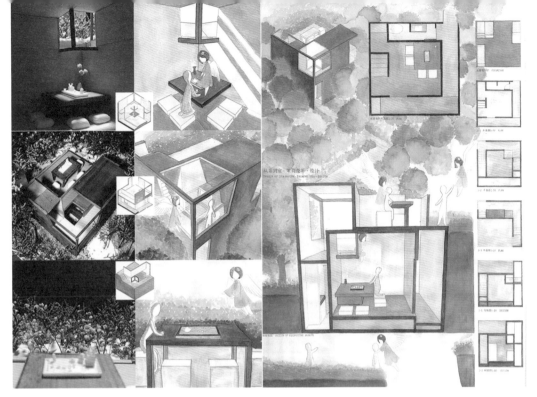

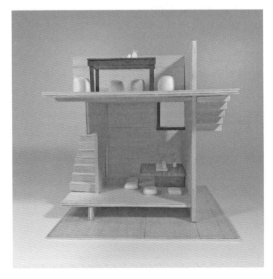

01 写在前面
The Very Beginning

马骏华 张嵩

02 评委寄语
Words of Juries

杜春兰 范悦
李兴钢 王路
朱竞翔 张雷
张彤

03 优秀作品
Works of Excellence

BEST 2
BEST 16
BEST 100

城中村档案馆

薛晴予

深圳大学二年级
指导教师：单皓 朱文健

指导教师点评

　　首先图纸排版以及轴测图的表达上有可圈可点之处，但是技术图要注意规范。建筑模型制作时加入了内置光源，将建筑光影很好地体现出来。在概念的发展上，要考虑到城中村场地的实际问题，比如当地的高密度住区情况，建筑使用的木骨架与U型玻璃在热带地区是否适合等。

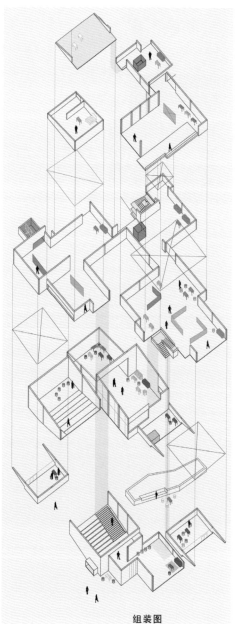

组装图

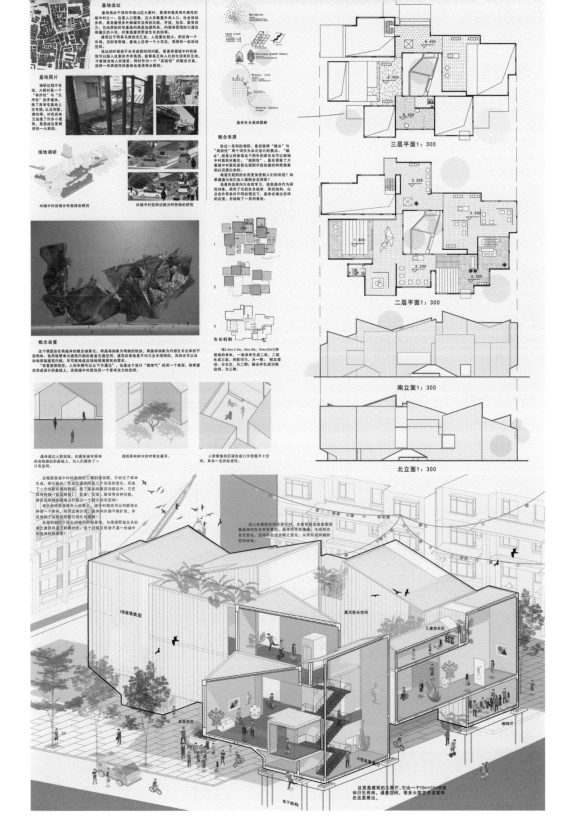

01 写在前面
The Very Beginning

马骏华 张嵩

02 评委寄语
Words of Juries

杜春兰 范悦
李兴钢 王路
朱竞翔 张雷
张彤

03 优秀作品
Works of Excellence

BEST 2
BEST 16
BEST 100

窗院里：间的潜力+间的组织

——学生宿舍设计

林奕薇

西安建筑科技大学二年级
指导教师：吴迪 吴瑞

BEST 16

指导教师点评

　　林奕薇同学结合自己的生活体验及舍友的生活需求，通过作业"窗院里"，探讨了私密与公共空间的界域问题。通过设计，展示了一种具有模糊空间边界的宿舍生活空间序列。作品引人深思，富于想象力，是一个较为有趣的实验性设计。

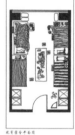

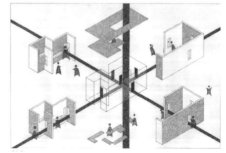

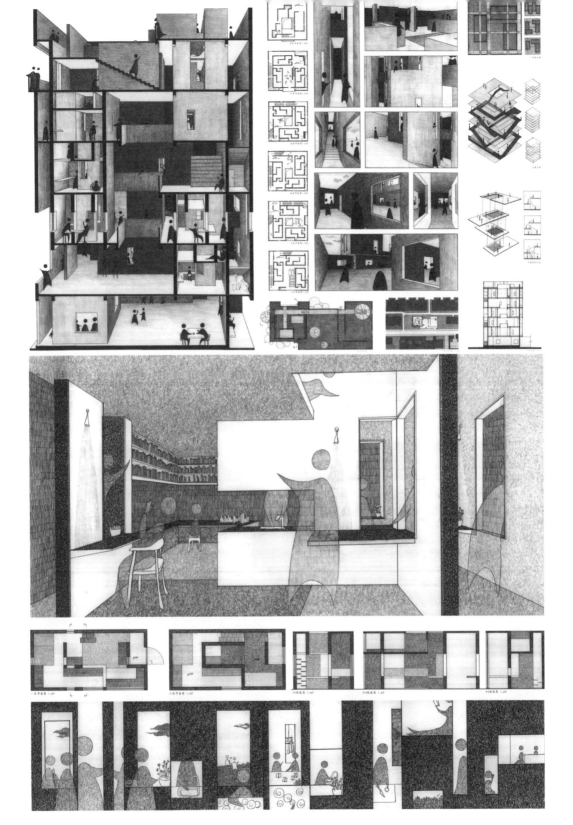

01 写在前面
The Very Beginning

马骏华 张嵩

02 评委寄语
Words of Juries

杜春兰 范悦
李兴钢 王路
朱竞翔 张雷
张彤

03 优秀作品
Works of Excellence

BEST 2
BEST 16
BEST 100

以老馆之名 抒古木之情

——校园健身中心设计

陈泽灵

东南大学三年级
指导教师：孙茹雁

BEST 16

指导教师点评

　　方案场地选址于某校园西北面，西邻城市道路。场地环境和面向于校区还存在着两处重要因素：东侧紧邻该校老体育馆（民国时期建筑），北侧面对有历史和观赏价值的古木（六朝松）、梅庵及所处的绿色环境，两者皆是该校最珍贵的文物和史迹。然而，老体育馆建筑相对较低，且较小的空间已经无法满足当下学生的活动需要，同时，古木所处的区域由于周围建筑布局及区位的原因使其环境缺乏足够的吸引度和活力。基于上述两方面的原因，在此扩建出的健身服务中心就承担了多重责任：一是延伸老馆功能性质以承担起服务于学生课余生活的更多需求；二是扩建的部分必须活化古木环境的消极因素；三是处理好该场所城市空间的关系。设计者抓住问题所在，延续老馆的情感和激活场地北面场所，成为本次设计的核心和重要内容。作品采取相应环境激励策略和建筑设计方法，很好地回应了这些问题。具体的设计可以看到，从老馆延伸出去的新建筑形态积极融入环境，使场所整体感加强；同时建筑内部功能与空间得到较好的设计。西侧城市界面、校园西侧入口以及南面与宾馆的关系，在设计过程中也被给予了充分重视。同时，技术层面上的考虑对方案设计深化有着相当程度上的推进，"绿色设计"是重要的关注点，诸如结构与建筑形式对话，设备推进建筑的平面布局，物理与构造所涉及的天窗采光、立面遮阳以及屋面、墙面的保温处理，使建筑从设计上保证了舒适度和"绿色"的性质。

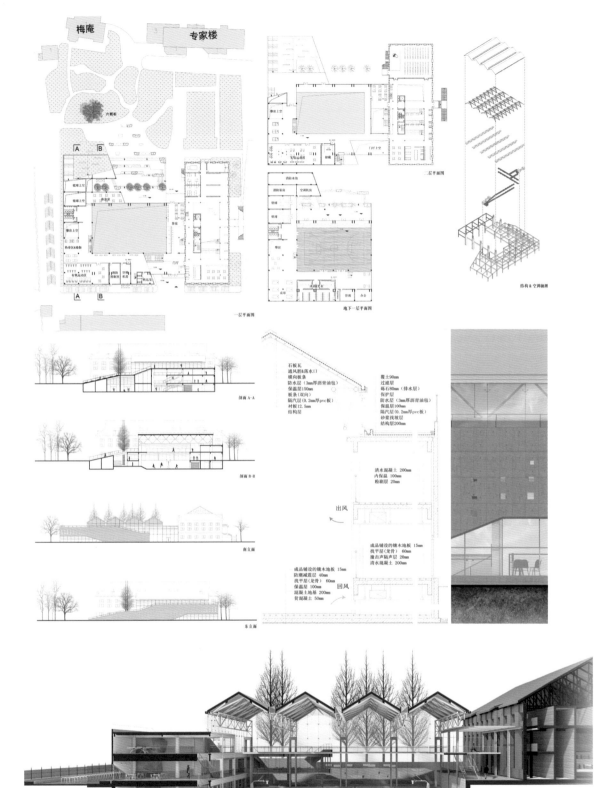

梅庵　专家楼

一层平面图

二层平面图

地下一层平面图

结构 & 空调轴测

剖面 A-A

剖面 B-B

南立面

东立面

石板瓦
通风口和落水口
横向板条
防水层（3mm厚沥青油毡）
保温层150mm
板条（双向）
隔汽层（0.2mm厚pvc板）
衬板12.5mm
结构层

覆土90mm
过滤层
碎石80mm（排水层）
保护层
防水层（3mm厚沥青油毡）
保温层100mm
隔汽层（0.2mm厚pvc板）
砂浆找坡层
结构层200mm

清水混凝土 200mm
内保温 100mm
粉刷层 20mm

出风

成品铺设的镶木地板 15mm
找平层（龙骨） 60mm
撞击声隔声层 20mm
清水混凝土 200mm

成品铺设的镶木地板 15mm
防潮减震层 40mm
找平层（龙骨） 60mm
保温层 100mm
混凝土地基 200mm
贫混凝土 50mm

回风

01 写在前面
The Very Beginning
马骏华 张嵩

02 评委寄语
Words of Juries
杜春兰 范悦
李兴钢 王路
朱竞翔 张雷
张彤

03 优秀作品
Works of Excellence
BEST 2
BEST 16
BEST 100

UTOPIA

——从一张地图开始的设计思考

刘钧广

大连理工大学二年级
指导教师：路晓东 郎亮

BEST 16

指导教师点评

以城市空间为原型展开幼儿园建筑设计，抽取城市空间的不同模块，对应于幼儿园不同的功能，借鉴城市空间的层级安排与组织方式，完成建筑空间的营造。成果所呈现的形式具有较强的逻辑性，空间亦层次丰富，实体与虚体的关系、开放与私密的关系均获得较好处理，场地、功能等制约条件也得到较好回应。

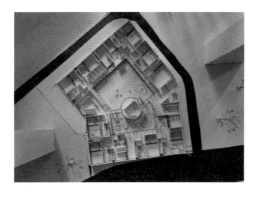

■ 概念來源

我從一張古地圖中得到啓發，這是今天阿爾及利亞東北部的Timgad古城。初見它便能感知到這是一種能夠容納極大多樣性的體系，每一個模塊都可以是一個不同的類型，它們既有巨大的差異性又可以和諧地共存。通過深入的分析我注意到，它的空間的層級和組織方式非常適合一所幼兒園。在它的規劃原則裏，從開放度最高的城市廣場到最私密的私家庭院不同空間層次，以一種及其理性的邏輯共存於同一個框架之中。我想要提取出這種組織邏輯，把它還原到幼兒園建築中，讓幼兒園成爲一個微縮的UTOPIA。

柱廊　　渗透　　模数

■ 提取要素——模塊化,多樣性類型

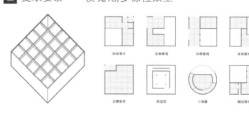

■ 提取要素——空間層級,類型的組織

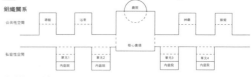

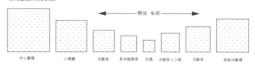

■ 場地分析及策略

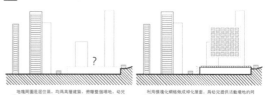

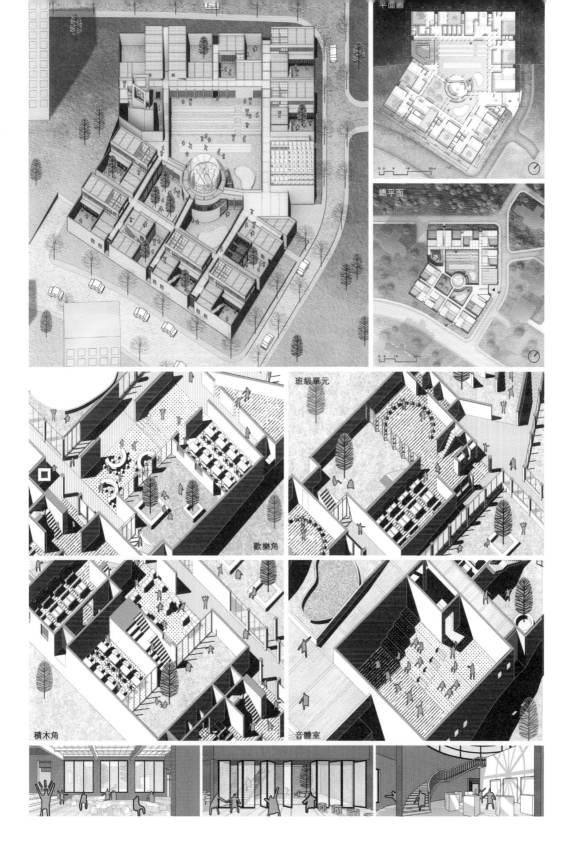

平面圖

總平面

班級單元

歡樂角

積木角

音體室

01 写在前面
The Very Beginning

马骏华 张嵩

02 评委寄语
Words of Juries

杜春兰 范悦
季兴钢 王路
朱笕翔 张雷
张彤

03 优秀作品
Works of Excellence

BEST 2
BEST 16
BEST 100

空间建构

刘正阳

郑州大学一年级
指导教师：张帆

指导教师点评

刘正阳的参赛作品是郑州大学建筑学院一年级建筑初步教学中《空间生成训练》的课程作业。其题目主旨是研究如何由一张纸得到空间，评价的标准在于三点，即清晰的规则、较少的步骤和多态的空间。

在课程之初，刘正阳将纸卷曲得到了一个筒形空间，以此作为出发点，面对形态的稳定性、建造可能性、空间丰富性等问题，使用"操作、观察、思辨"的方法不断推进，直至完成。其成果较好地达到了题目设定的三个标准。

刘正阳是一个外表沉默、内心火热、不计投入、勤奋执着的学生，取得好成绩，不意外。

阶段 1 概念
依据任务书，尽量以简单、清晰的操作来创造更丰富的空间。操作为，对任务书规定的 A5 纸进行切的操作，一共切两刀，并将纸角插入切口。通过控制切口位置与纸角插入方向，进而形成一系列概念模型。

阶段 2 抽象
通过抽签选出了类型为 FLAT 的空间体量，进而对概念模型进行了选择，并对已选概念模型进行了适应 FLAT 空间体量的变化。具体变化为，化曲面为平面，明确了折的折痕。

阶段 3 材料
主体均使用相同材料以保证其清晰性。第一个模型主体为木头，气候边界为亚克力，窗外上表皮用瓦楞纸。第二个模型全为亚克力。第三个模型主体为 PVC，气候边界为栅栏，窗外表皮为灰卡纸。

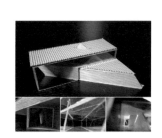

阶段 4 建造
为创造更丰富的空间体验，对气候边界进行了二次操作，将长方体的气候边界与主体进行碰撞，并在每个面上进行了开洞、翻转。主体可分为五层，内外木板层、PVC 所代表的混凝土承重体、KT板所代表的保温层、布料所代表的防水层。

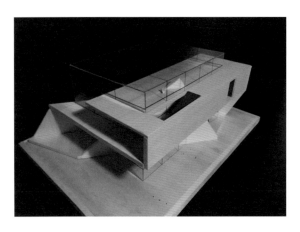

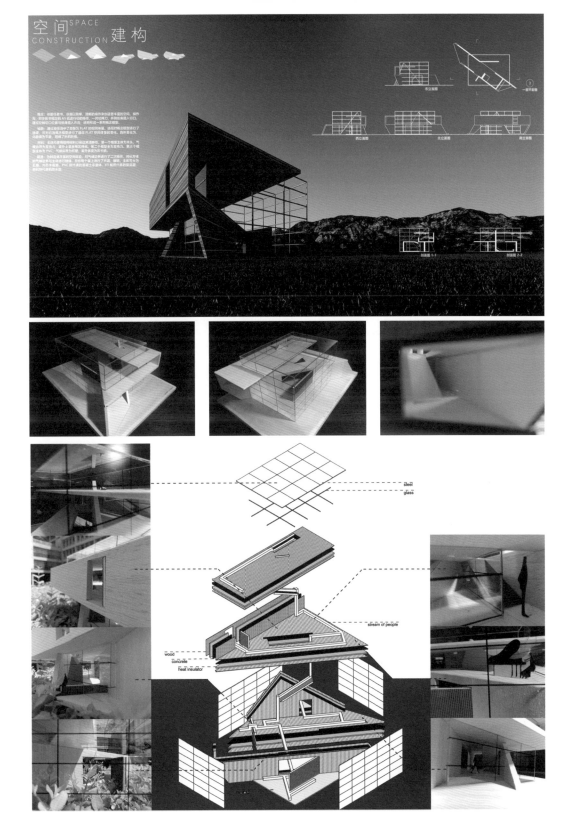

空间 SPACE
CONSTRUCTION 建构

steel
glass

stream of people

wood
concrete
heat insulator

穿针引线

江冠男 陈嘉耕

哈尔滨工业大学三年级

设计说明

  选址位于黑龙江亚布力林场，基地为面朝雪山和灵芝湖泊的山顶。在对亚布力周边区域自然景观与社会状况进行调研之后，我们将本次博物馆设计定义为串联景观序列、连接城市人群与自然景观的引线。为强化人们对场地中各种景观的认知，我们提取分析了基地中的线性要素，重新规划场地流线。将等高线打断，重建、串联起不同功能的体量，到达山顶是一个开敞、绽放的观景平台，作为建筑的高潮收尾。建筑主体的室内外流线与环绕山体的栈道、山体内部的走道相互交织，游人可在建筑内、建筑外、山体内、山体外漫游，欣赏不同角度、各具特色的自然景色。

BEST 100

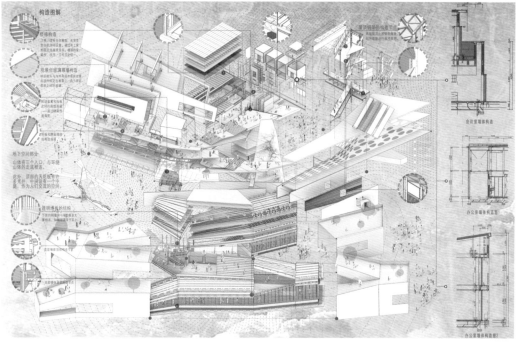

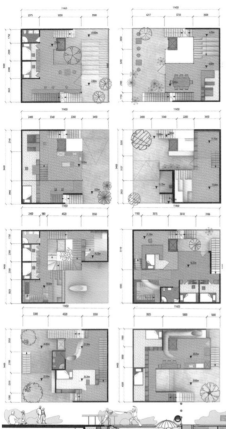

绿 · 梯

程颖
天津大学三年级

设计说明

　　方案利用双螺旋的形式回应"共享"的主题。双螺旋一方面能将矛盾的事物并置而不互相干扰，实现彼此的独立；一方面又可在两个矛盾体间嫁接无数的桥梁，实现联系。"桥梁"与"螺旋体块"构成了多条叙事线。

　　在螺旋上升的过程中，与自然相互连接的空洞带来了新的契机，一条自然轴线与一条居住轴线相互缠绕形成的双螺旋成为建筑主题。

　　我的共享策略是将建筑的一部分面积让给城市，成为自然绿化，让建筑的一部分成为街区的通路，同时与周围高层建筑相连。此时，我们的设计不再只是一栋居住建筑，而是一个垂直的绿化公园，一个巨大的螺旋楼梯。居住在建筑里的人，也不再只是单纯的居住者，而是利用与绿化虚体搭接的平台与窗口，成为"公园""街道"的经营者。

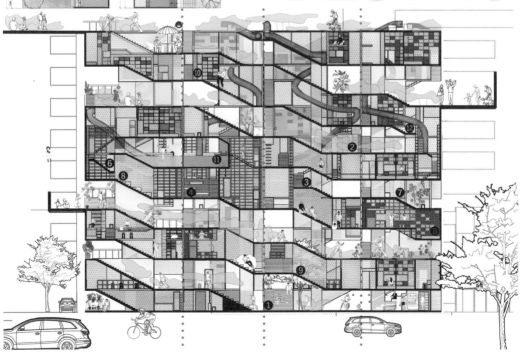

拱顶间，稚童追
——幼儿园设计

罗元佳
北京交通大学二年级

设计说明

本设计针对一所回民幼儿园，由各因素条件将三类大小虚实不同的拱作为设计的重点，嵌入进连贯通畅的一层中，同时结合庭院、坡道以及原场地的构树而产生各种丰富多变的空间活动。在这里，孩子不被拘束："拱"是家，"板下"是街道，"庭院"是公园，"坡道"是"桥"……一起走进孩子们的新世界吧！

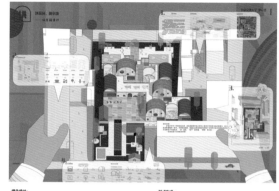

BEST 100

利用日常物品体会空间尺度

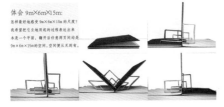

体会 9m×6m×15m:
怎样能好地感受 9m×6m×15m 的尺度？
我希望能把它立地面起的过程表述出来
本是一个平面，翻开后任意面两页间均是
9m×6m×15m 的空间，空间便无处不有。

利用体块元素形成复杂空间

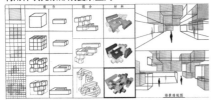

打造立体种植空间"栖木廊"

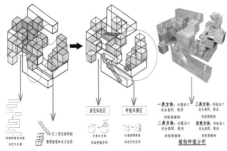

"栖木廊"
——9615 的蜕变之旅

傅涵菲
华中科技大学一年级

设计说明

从单一体块元素出发，分阶段引入形式操作、尺度功能、背景环境和技术实现，逐步将建构物调整为有空间使用和心理体验、响应背景环境和周边建筑，以及能够有恰当灵活的技术实现的建筑初步设计。

"栖"意为休憩之处，"木"表示木方盒种植空间，"廊"则代表透明人行回廊。在 9m×6m×15m 的空间限制下，不论根据地形做出什么样的调整和摆放方向，由于基本要素组合方式的不变性，空间特征也基本保持不变，人在空中行走，植物木方盒在人中穿梭，呈现出一种轻盈的漂浮感，人与自然相互交融。而采用钢骨架体系的构造，使得种植木方盒的位置可以个性化调整，进一步优化了原有的设计。

BEST 100

场景连环画

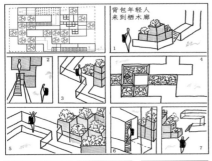

场景连环画

转变为茶采摘种植体验装置"栖木廊"

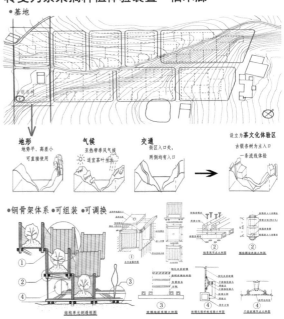

叶里·叶理
——亚布力自然博物馆

赵力瑾 仲雯
哈尔滨工业大学三年级

设计说明

　　基地位于一处山间谷地。看似被隐藏了起来，实则提供了一处清幽之地。因此，最初的灵感来源于散落林间的叶片。方案以此提取出母体，群体组织的方式是散落在场地里。游客需从场地外围步行穿过森林到达建筑，整体游览像读一篇故事：从标题开始，过渡、高潮、结尾，是一个完整的设计。

　　方案研究了落叶因叶脉结构干枯后自然弯曲的形态，与地面之间形成的空间，创造出顶界面变化的展览空间。同时为进一步提升空间艺术性，母体增加了一个核心空间。采取顶部采光，获得柔和的光线；同时形成烟囱效应，采用被动式通风系统优化室内环境。不同母体线性串联，游客游览动线为单向式。北侧顺应地势设计服务型体量，作为博物馆的管理、研究和储藏部分。

　　结构整体采取钢木结构。中心核心筒结构灵感来源于"撮罗子"，用单柱环绕排列，上部往内收，以圈梁联系为整体，形成一个大的结构柱。屋面模仿叶脉的编织结构，以格构梁为原理进行变形，交织实现大屋面的起伏。最外边缘依外界面落柱。方案充分考虑了亚布力自然环境的特殊性，即寒地的自然环境下方案类型的定位，也充分回应了基地谷地的地形特征。最重要的是，在特殊自然环境下，方案本身与环境的有机结合。我认为，在自然环境中，任何人为的介入都是破坏。

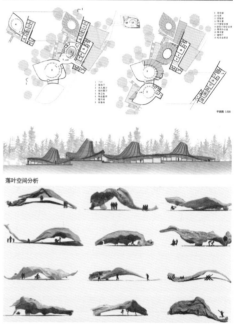

落叶空间分析

叶里 · 叶理 // 亚布力自然博物馆

当一片叶子落下，与大地发生空间的故事···
当一缕乡烟飘起，与天空发生空间的故事···

叠合城市

胡杰
天津大学三年级

设计说明

　　将现代城市天际线倒置，与建筑后方的历史街区天际线相互叠合，引发人们对城市过去与未来的思考。人们在历史街区的广场下向上仰视倒置的现代城市，仿佛从上帝视角去审视城市的发展与进程。

BEST 100

B-B剖面图

北立面图

首层平面图

WE 社区
——共享居住办公综合体

邵锦璠 冯洁
北京交通大学三年级

设计说明

　　随着城市的发展，房价不断上涨，越来越多的青年创客及毕业生无法负担高额的房价，租住成为他们首要的选择。事实上对于他们来说，租住也并没有减轻经济的压力。方案通过调研，根据年轻人对空间需求程度划分出了三等空间，提出了三等共享的概念。除生活必要空间外，年轻人也根据需求按等级承担共享部分的租金。

　　基地所处位置位于北京海淀区，周边住房平均月租金约为 4000 元，通过"WE 社区"，需支付的月租金最低可至 1200 元。

　　总建筑面积：5733 平方米
　　居住部分建筑面积：4014 平方米
　　居住人数：220 人
　　人均居住面积：18.25 平方米
　　办公面积：1256 平方米
　　办公人数：160 人
　　人均办公面积：7.85 平方米

岸享桥居
——基于天津新港旧船厂既有岸桥改造的青年共享之家设计

叶旺航 范敬宜
天津城建大学三年级

设计说明

　　随着城市化、工业化的进程，天津新港旧船厂迈入了后工业时代，原来的旧厂房、旧机械等待着拆迁和再利用。我们现场调研提取了船坞口作为基地，既有岸桥作为结构支撑体，将新的钢框架体系承托于既有岸桥，装配式的住宅单体置入结构体系中，形成灵活的住宅系统，利用场地的优势，构建滨水青年极限运动场景，既有岸桥顶部形成丰富的活动空间。我们将公众的活动空间垂直置入建筑，形成市民与青年的空间共享。经过采访，我们将该片区青年归为三类——白领、蓝领和艺术青年，针对他们构建了三类形式的单体，三类单体之间通过渗透的公共空间共享连接。

BEST 100

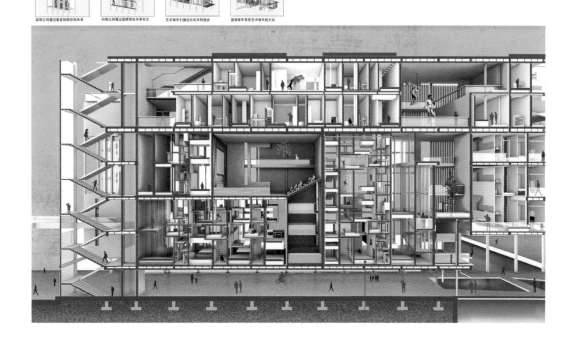

森林网格
——基于青年人群的住区规划及居住建筑设计

张忆 何晨铭
重庆大学三年级

设计说明

    针对周边青年人群特点及其需求设计住宅。将场地网格按模数划分，通过网格的变化而产生丰富的内外空间。模数化下进行户型的模块化组合，再将大量绿化引入各方格之中。采用生态的气候适应性可旋转百叶作为建筑的表皮，从而营造自然生态而充满活力的社区氛围。

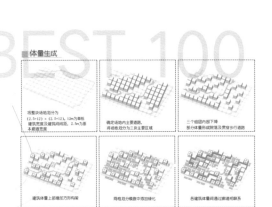

■ 体量生成

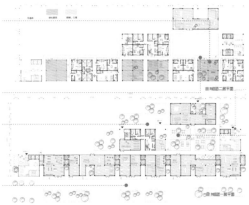

吾语东关
——大连城市历史博物馆设计

杨蓉
大连理工大学三年级

设计说明

　　东关街见证了20世纪中后期大连城市的荣辱兴衰，承载了一代人的美好回忆，而今却是大连市中心最失落的"三不管"地带。为了留住这份回忆，令更多人意识到东关街的历史价值，将街区内已拆除建筑的基地作为博物馆设计场地，将地上作为开放的广场空间，以最亲和的形态拥抱路过的每个人，让游客不止步于旁观，而是变成东关街历史生活的参与者，细细品味东关街的过往和当下。

BEST 100

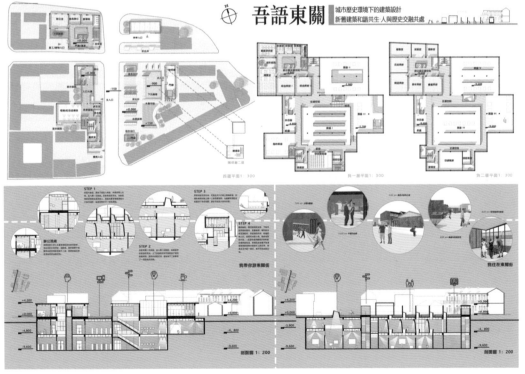

麦田的守望者
——边缘社区活动中心设计

李美辰
山东建筑大学三年级

设计说明

　　在一片浸润着北方麦田文化的边缘村落中，村庄寥落，麦田荒芜，一条河流挡住了孩子们跑向麦田的激情，无望的生活让孩子们背起行囊远走他乡，只留一片惨淡空城的局面……然而，在麦田的最边缘，有这样的一个建筑，召唤着孩子们穿越河流，跨过村路，耳濡目染麦田上发生的农事活动，感知村庄一年四季的变化。他们留下，成为麦田上的守望者。

　　建筑的主要体量集中在麦田的边缘，穿过河流向村子、穿过乡路向麦田延伸小体量，成为衔接麦田与村子、麦田与孩子过渡的桥梁。

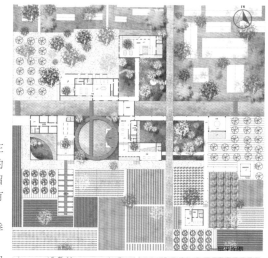

BEST 100

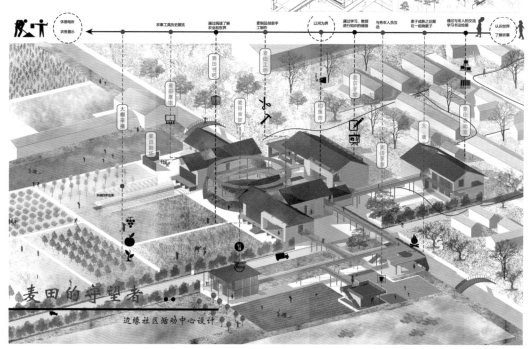

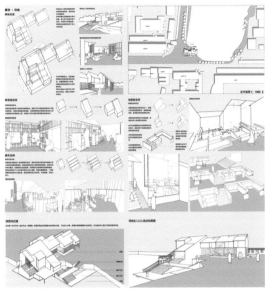

ALLNIGHTER CREATION CENTER
——建筑学院学生通宵工作室设计

孙琦
天津大学一年级

设计说明

　　针对建筑学院学生普遍缺乏可以整晚舒适画图的空间的问题，选择位于校园内两个建筑系馆中间的湖边一角，设计一个兼具绘图做模型、阅览、餐饮、展览评图等多功能的通宵工作室。结合同学们对通宵制图空间的需求设计了多个功能模块并相互连接相融，解决场地问题，发挥场地优势，实现人对自然景观的亲近和建筑物与水环境和陆地环境的渗透和过渡。

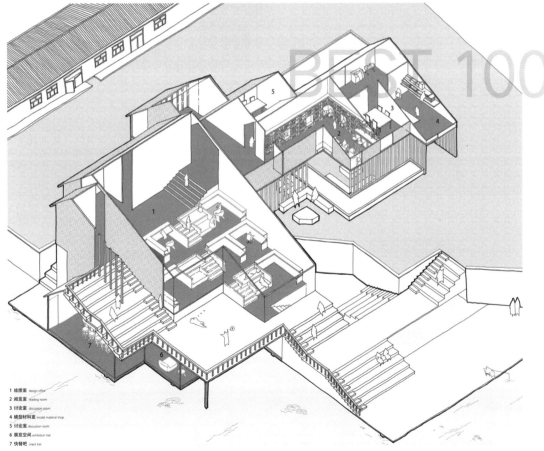

1 绘图室 design office
2 阅览室 reading room
3 讨论室 discussion room
4 模型材料室 model material shop
5 讨论室 discussion room
6 展览空间 exhibition hall
7 快餐吧 snack bar

REVIVAL
——校园老体育馆改扩建计划

刘淦

东南大学三年级

设计说明

木结构的老体育馆本身建筑特色鲜明，并且与周边校园环境融合得很好，在将其改建为校园活动中心的时候注重保留原有的建筑特色，考虑保留三角木桁架及大部分的砖石立面，以及立面开窗形式，并整体将屋顶抬高，解决室内层高不够的问题。室内空间利用外立面窗户位置与不同空间所需层高相协调，形成流动的错层，并通过通高增强各个楼层间的交流，符合大学生的活动需求。

扩建部分考虑延续老馆的体育馆功能，以老馆颇具特色的屋顶为基础形式，延伸成为新馆的连续屋顶，较现代的多折屋顶在拉开新老距离的同时强调衬托老馆。馆内强调大空间并提高均高，周边健身功能均围绕体育场设置，使之成为运动核心。

二者交接部分采用玻璃天窗，保护老馆结构，同时暗示下方空间是作为沟通新老建筑并贯通南北的核心空间。老馆抬升后形成的高侧窗、交接部分的天窗、体育场两侧的菱形高侧窗、U型玻璃的使用建筑中多处利用光为元素。在满足各处采光的同时以光为线索串联新老建筑，并将其作为方案的一大特色。

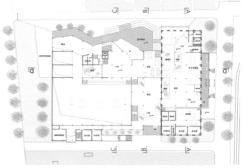

轴测分解

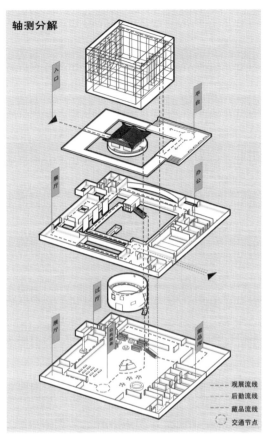

入口
平台
展厅
办公
门厅
展厅
藏品库

------ 观展流线
------ 后勤流线
------ 藏品流线
⊙ 交通节点

对　话
——基于"城市修补"理论的展览建筑研究型设计

高金　林梦佳
重庆大学三年级

设计说明

　　十年间,云南建水古城经历了跨越式的城市扩张,古城真正的灵魂——市井文化却渐渐式微。方案立足城市修补理念,将现代展览馆作为城市地标,以简明体块去衬托旧建筑形态的丰富,从而建立新旧对话关系;建立城市公共空间,激活场地人气;并保留周边城市肌理,对旧建筑空间进行功能置换,弥补公众功能的缺失。

BEST 100

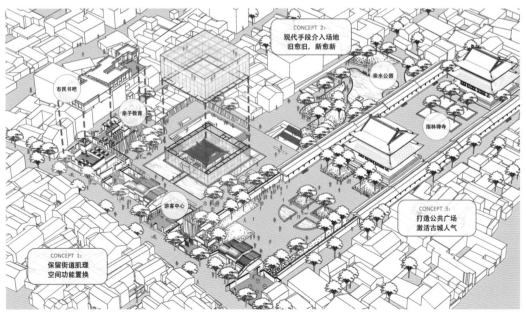

市民书吧

亲子教育

游客中心

CONCEPT 1:
保留街道肌理
空间功能置换

CONCEPT 2:
现代手段介入场地
旧愈旧,新愈新

亲水公园

指林禅寺

CONCEPT 3:
打造公共广场
激活古城人气

上岸 看戏

侯雅洁
大连理工大学二年级

设计说明

　　随着道口古镇旅游业的开发，原来的建筑风貌虽然保留了下来，但是民宿文化、传统居民的生活习惯在一点点消失不见。本设计选取古镇北侧的西门街村，此处原有的戏台因年久破旧而被迫拆除，针对此现状，该设计创造新的戏剧文化空间，希望以乡村客厅的形式激活这片区域。

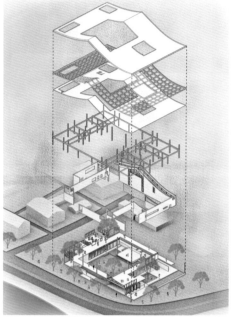

BEST 100

爬城记
——基于高密度下的传统弄堂空间重构

韩宜洲
合肥工业大学三年级

设计说明

　　该方案在共享资源社会背景下，探究居住综合体产生的新型生活模式，以及能为"90后"带来什么，结合基地特殊的问题——新城区的高楼大厦与老上海的弄堂街区的城市界面断层、老年人与外界之间的交流断层，以互联网为媒介，以"90后"为纽带，将老人与城市建立联系，使传统文化和手艺得以留存，将不同城市面貌实现延续与缓冲。同时，高密度城市的发展下，人与人之间的沟通减少，设计者通过提取传统弄堂的空间构成，将其旋转90°后置入现代建筑中，通过垂直交通和共享空间的串联，重塑弄堂中和谐的邻里关系，与共享的经济模式巧妙结合，增进人与人之间的沟通，解决社会矛盾，满足人们生活需求。

|二层平面图 SECOND PLAN 1:500

|四层平面图 FOURTH PLAN 1:500

|三层平面图 THIRD PLAN 1:500

|五层平面图 FIFTH PLAN 1:500

BEST 100

居住综合体设计|THE RESIDENTIAL SYNTHESIS DESIGN
THE ALLEYWAY
爬城记——基于高密度下的传统弄堂空间重构

|总平面图 GENERAL PLAN 1:1000

穿山行

庄琳
山东建筑大学三年级

设计说明

    方案需改建原某青年政治学院内礼堂，将其改造为书坞。主入口位于南侧礼堂，北部为居民楼，可沿南北方向扩建20m，建筑东西部分为活动场所及停车场。建筑需保留原有墙面及建筑形式，屋顶桁架不可拆卸。

    建筑设计之初，根据原有建筑形态和改造后的建筑功能提出了"山"的构想。从建筑原有的坡屋顶提取了"原木"和"三角形"两个主要元素，作为设计的出发点及设计依据。对于"山"的设想，方案主要通过两个方面来体现：

    一是山顶的"尖锐感"，可以通过减轻建筑的体量感和"三角形"的尺度与排列次序来体现；

    二是山间的"穿梭"，行进山林中，总有曲折攀登之感，这一点也作为主要的设计意向，给游客一种穿行和攀登的感觉，体会"书山有路勤为径"的阅读氛围。

    确定了主要设计意向即设计手法之后，最重要的是如何体现在实体中穿梭的形象。为了营造实体填充的轻盈通透感，最终选择使用木构架作为填充材料，以400为模数，以400mm×400mm×400mm的立方体作为填充单位：400mm既是书架的合理尺寸基数，也是人体正常行走的交通空间的因数。

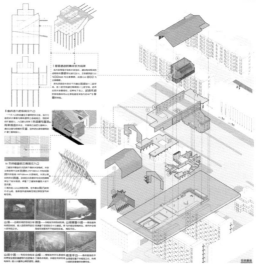

    贯穿整个空间的是自入口起始的狭长通路，通过高差的变化与斜坡、楼梯相结合，可以进入不同的功能空间与活动区域，最终连接加建部分的庭院与三角形构架。整路路线通透却曲折，途中可以透过木架间隔看到整个空间的景象，却需要不同的路线曲折攀爬才能到达，体现出"爬山"的趣味性。

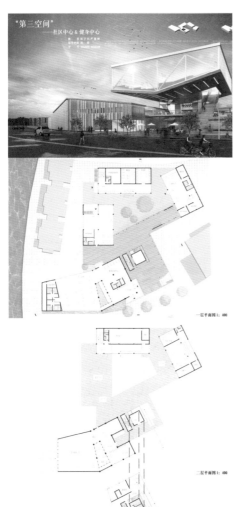

一层平面图1：400

二层平面图1：400

第三空间
——社区中心 & 健身中心

刘子玥 严雨婷
东南大学二年级

设计说明

　　基地位置位于秦淮河畔北岸、中华门瓮城下，东临城市道路，西面是一片老城区。与大多数历史名城的老城区一样，这片社区大多也是不超过两层的独立住宅，空间尺度小，由巷道串联，杂乱无序，而社区中心处于从城市进入社区的"门"的位置，如何依靠建筑本体的力量来回应并改变老城区消极的逻辑，如何在满足社区功能需求的同时对城市界面也做出贡献，是值得探讨的。

　　社会学家提出"第三空间是一个新型的公共交流的地方，没有职场的等级意识，也没有家庭的角色束缚，人们可以自由地释放自我"。从这个概念出发，我们希望在城市中创造出这样一个 third place，让人们可以放松。

　　第三空间并不是非黑即白的，升起的漂浮体量形成丰富的灰空间，即使闭馆也可供人们活动，与城墙遥相呼应。平台是围合性的，划分出了面向社区的中庭和城市入口广场，平台同时也是开放的，连通不同独立的空间——我们希望这种双重作用能够让这座社区中心实现凝聚和开放的共存，成为这片社区活力的体现。

BEST 100

别有洞天

陈丝雨
天津大学三年级

连续的洞穴
对公众开放　结构与交通　从主要洞穴伸出的
较小空间，为几户
的玄关和共享区域　"实体"部分分层，
为私人居住区域及较
大的内部共享区域，
可由"玄关"到达　辅助空间

设计说明

　　这座共享住宅的场地位于日本东京天神町，高楼环绕，环境拥挤而单调。在这种环境下，我希望营造一种新奇的、留白式的体验，继而联想到狮子林的假山和其他一些洞穴，一系列变化的孔洞总能引起人探索的欲望。在建筑处理上，我在一个普通的方体中挖去一些形成"洞穴"，在建筑内部留下一连串不规则的空隙，这些空隙可从街道窥见和进入，与周边居民共享，其中可能产生一些有趣的活动。同时，一些小洞穴与主要洞穴交叠，成为由开放空间进入内部空间的玄关，这些过渡空间由居住者共享，进入建筑的"外来者"可以看到其中的部分活动。玄关的另一端，则同时与私密空间和内部共享空间相连，它们作为"实体"采用了分层的形式，厨房、餐厅、洗衣房、影院、图书室、小泳池错落分布，由不同洞口进入，以促进住户走入共享空间进行交流。此外，洞穴的扭转是为了回避临近高楼的视线遮挡，获得更好的外部景观，洞穴交错或内壁开洞形成的各种孔隙则丰富了内部景观。

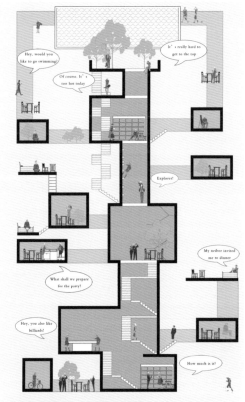

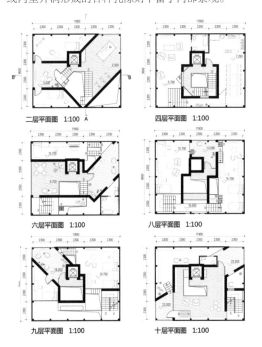

二层平面图　1:100

四层平面图　1:100

六层平面图　1:100

八层平面图　1:100

九层平面图　1:100

十层平面图　1:100

SHARE HOUSE 别有洞天

西立面图 1:100　　北立面图 1:100　　B-B剖面图 1:100

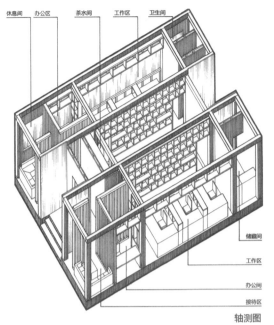

休息间　办公区　茶水间　工作区　卫生间

储藏间

工作区

办公间

接待区

轴测图

郑春燕
山东建筑大学一年级

设计说明

　　本方案为 8.5m×12m 的建筑师工作室，主要通过柱、墙、书架等的围合进行空间限定，营造空间虚实相间的节奏感，通过屋顶、地面的高度变化强调对称中心，体现空间的趣味性。

中心特色　　　　　功能生成

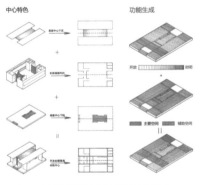

BEST 100

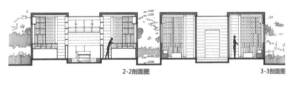

2-2剖面图　　　　　　　　　　3-3剖面图

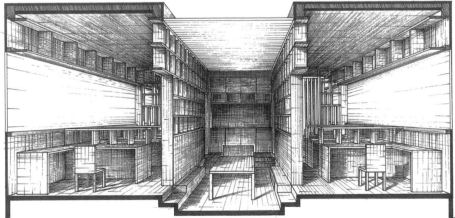

仰望幸福之旅

韦斯蓉
西安建筑科技大学三年级

设计说明

　　十张照片主要表现十个平凡却生动的幸福瞬间。现代人的生活忙忙碌碌，容易对幸福麻木、忽视、不自知，设计者希望以一种不同于以往博物馆的方式来展示这十个美好的瞬间，以引起人们对幸福、美好的共鸣。

　　该设计首先将十张照片嵌在建筑中方形空地的圆形地洞里，照片上方有一层薄薄的水。由于改变了贯通原有场地的南北走向，因此此处是整个基地的中心，人一进入便会被地洞及照片吸引，绕着螺旋坡道进入主要展厅，从而开始其仰望幸福之旅。在地下，人们会看到阳光从上方穿过水层和照片倾泻而下，投下五彩斑斓的光斑，在这样的视觉冲击下，于仰望中慢慢感受这十个美好的瞬间。

　　然后，人们走进一个贯通了地上与地下的圆锥筒，走上一个长长的楼梯，圆锥筒壁上是反射材料，前方的照片犹如彩色玻璃窗，阳光照射进来，整个空间好像一个梦幻斑斓的万花筒，人们在里面扑捉刚才看到的美好瞬间碎片。当人们走近前方的光芒时，便是奇妙的仰望幸福之旅结束时。当人们走出博物馆，应该会恍如隔世，然后能细细回味并珍惜自己独一无二的幸福吧！

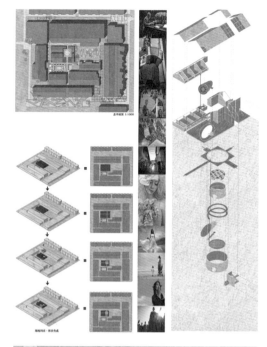

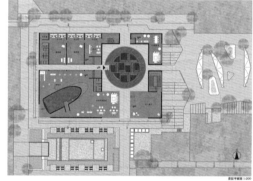

碰 撞
——五塘新村社区中心设计

卞秋怡

南京大学三年级

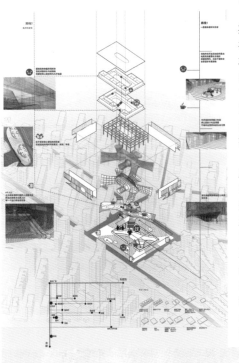

设计说明

　　课程要求是在南京五塘新村设计一个社区中心。经过前期详尽的调研和采访发现，这个社区老龄化比较严重，同时，社区只能满足基本的生活采买需要而缺乏基本的文化生活要求。因此，希望能够给这个老社区带来新的活力，吸引当地的年轻人，"碰撞"成为这次的设计概念。由这个概念生成了在社区中心的规整建筑中，引入一个异质的半室外洞穴空间作为社区客厅的想法，洞穴的出口对应周边的街道，不同的街道有不同入口引入，比如幼儿园附近的入口设置了儿童游乐区。

　　洞穴空间的流线设计对应于设计开始时的社区调研，一层与二层均为开放空间，主要功能——菜场、政务大厅、小吃店、老幼活动中心放在一层，让老人能够轻松穿越的同时完成一系列的生活琐事，比如买菜、买一些零碎商品等；二层则是由洞穴入口进入，提供咖啡厅、茶室、儿童娱乐空间、阅览区、报告厅等文化生活空间，吸引年轻人到来；三层、四层空间相对较为私密，提供健身场所、社团活动空间和教室。最后是室外的游乐场地设计，呼应二层岛状空间，是一个个的绿岛，不同绿岛上有适合不同年纪人们的活动器材。因为调研发现，使用这种室外活动器材是当地人们喜闻乐见的娱乐方式，但老幼混杂，小朋友没有合适的娱乐场地，因此在保留当地这种生活习惯的同时对于不同的年纪的需求做了细分。

五塘广场社区中心设计
Wutang Square Community Center Design

建筑基本指标：
总建筑面积：6400 m²

各功能区面积分布：
社区菜场：980 m²（含）
社务大厅：600 m²（含）
老幼活动中心：720 m²

小吃及咖啡厅：350 m²
老年活动：420 m²

阅览区：350 m²
健身：120 m²

社团活动：400 m²
教室及展厅/社团活动室：400 m²

画影勾陈
——青台仰韶文化博物馆

董博
郑州大学三年级

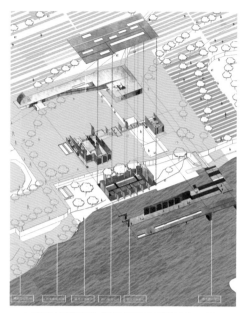

设计说明

　　在如今遗址博物馆设计中，为了"保护遗址的需要"，遗址本身大多被层层冷冻起来，与我们日常体验产生了遥远的距离，在我们的游览过程中，遗址变成了一个硕大的玩物，以至于游客大多的体验不过是到此一游，什么都记不住。基地位于荥阳市青台村的河边，植被非常丰富，给我留下深刻的印象。通过进一步的思考，我意识到是丰富的影子让这个场地活跃起来，所以在这个设计中我们试图用丰富的影子来溶解人们的刻板印象，带着这些凝固的遗址重返地面，回到我们的日常体验之中，重新被人们所铭记，达到博物馆本身真正的功能所在。

BEST 100

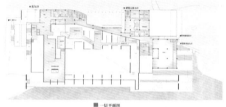

■ 一层平面图

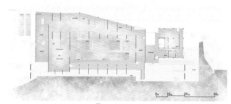

■ 地下一层平面图

遗址坑展示区　断层长廊

张梓烁
同济大学三年级

总平面图 1:1500　　　　平面分析

设计说明

　　针对老洋行地块大、体量密集、边界逼仄的现状，我选择沿着场地中里弄的街巷空间的肌理进行延伸，在办公空间与里弄街区之间拆出内向式的公共的空间。为了保护从里弄街区进入场地时边界的亲切感，选择保留了东侧边界以及北部沿河的三所老房子；同时拆除场地中比较多余的体量，保留下西南侧最完整的办公空间的体量，即保留了西侧街道原有的立面延续性，又促成了共享办公空间和社区图书馆的联系。

　　新加入的两条穿插的体量，既串联了保留下来的三所老房子，形成图书馆的使用空间，又围合出了与办公建筑的室外缝隙空间及塑造了图书馆室内与老房子的缝隙空间。将交通、公共活动、院落、平台、新旧关系的对话、里弄社区与办公社区的联系，都围绕这两个缝隙空间去组织，从而在这片狭长的 L 形场地中营造出开放与共享的活动空间，提供收放丰富的空间体验。

BEST 100

底层平面图 1:300

二层平面图 1:400

三层平面图 1:400

剖透视带构造大样 1:100

逢竹记

张碧荷

西安建筑科技大学一年级

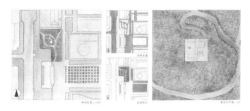

从茶到室 龙井 境地
DESIGN OF TEA HOUSE DRAGON WELL TEA SPACE

设计说明

　　我选择的茶是龙井，因为小时候常坐在老家的竹林里喝龙井。龙井茶叶形扁叶长，像晒干的青竹叶。回甘香而悠远，像初夏时竹林弥漫的清香。所以，龙井茶会让我想起故乡的竹林。竹林、龙井和家园紧紧联系在一起。而后来长大，去往远方，已多年未见故乡竹林了；随着城市建设兴盛，南方传统的竹林家园也日渐式微。所以，我想做一个像竹林一样的茶室，它生于竹林，相依于竹林。当许久不见故乡竹林的异乡人与它相遇，在此喝杯洋溢着竹香的龙井，会升腾起与竹林家园久别重逢的亲切和慰藉，给他继续追寻远方的勇气。即使不曾体味过竹林家园的人，我也想将竹林茶室的那份幽静与自然与他分享，唤起他对竹林家园的向往。

从茶到室 龙井 敬礼
DESIGN OF TEA HOUSE DRAGON WELL TEA IMAGINATION OF TEA HOUSE

BEST 100

双 宅
——南京市老城南院宅设计

薛敏然 朱睿吉
东南大学二年级

设计说明

　　南京的城南是一段历史久远的文化片区，百载文枢，十里秦淮。城南社区内，熙攘的里坊、拥挤的小巷、错落的低檐等，无不赋予其老城的魅力。

　　老城南的独立院宅，需要兼顾院外社区的喧嚣氛围和生活气息，但如何保持宅中生活的秩序和清静同样重要。人居体验和环境氛围皆不可或缺，院宅的理想状态则应是"墙外喧喧之市，而墙内井井之居"。

BEST 100

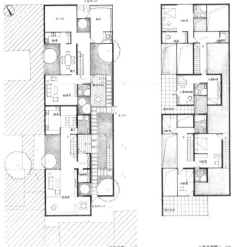

一层平面图 1:100　二层平面图 1:100

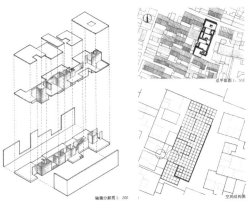

轴测分解图 1:200　总平面图 1:500　空间结构图

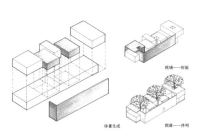

体量生成　院墙——折板　院落——浮列

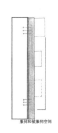

墙间和被服的竖向空间

纸 壑

秦瑞烨

西安理工大学三年级

设计说明

　　本博物馆基于西安都城隍庙的宗教性质及周围建筑肌理，以关中窄院的尺度进行平面布局，选取剪纸元素为展陈主题，将传统内向性与现代外向性思想相结合，选取"三砖一透"为主要建筑材料，使建筑形成朦胧的园林山水感与城隍庙相契合。该建筑设计元素提取考虑以下四点：一、基地周围建筑中伊斯兰教、道教并存，该博物馆发挥对宗教文化的调和作用；二、该博物馆可补充西安市西北区位文博设施的缺乏，与西安各博物馆形成"文博连绵圈"；三、因周围古建筑气氛浓厚，该博物馆中加入些许现代元素承接古今；四、引入非遗剪纸为展陈主题，使回族同胞和异域风情融入其中。

BEST 100

| 首层平面 & 室外设计

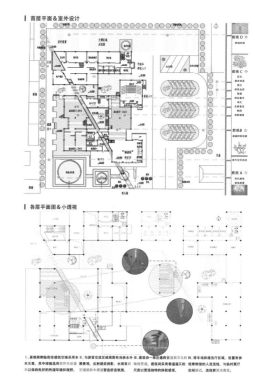

| 各层平面图 & 小透视

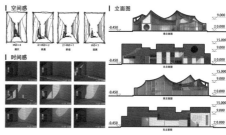

| 空间感

| 时间感

| 立面图

二层平面 1：300

光影戏台
——成都市文殊院川剧博物馆设计

刘羽
西南交通大学三年级

设计说明

　　在现代娱乐媒介出现以前，戏剧一直作为一种流行的大众娱乐方式存在。而在泛娱乐化的今天，不由让我们重新审视其社会性的一面。同样是娱乐方式，为何一个让人疏远，一个却令人聚集？从社会学的角度，在于大众性的塑造；从建筑学的角度，则在于交往空间的营造。

　　因此，我提取戏剧中最具社会性的"戏棚"这一意向，创造一个巨大的"棚下空间"来提供平民化的场所。博物馆建筑不再是死板的固定展览空间，而是一个充满生机的、开放性的场所，不再是用墙将内外隔开的空间实体，而是一个具有双层表皮的有机体，人的活动充满其中。在文化语言提炼上，我提取了戏剧中的"时空观"作为转译的目标，在具体的物化表现上，采用"光影作戏"的手段。随着时间变迁，光创造的"虚空间"也在不停变化，光线流转，两个光的容器——大厅和观演厅投下阴影，时空关系不停地在转换，同时，辅助的天井及玻璃盒子也迎来充足的采光。大门的设计上也借鉴了"水袖"的元素，微微掀起一角，别有意趣。

BEST 100

光影戲台·文殊院川劇博物館

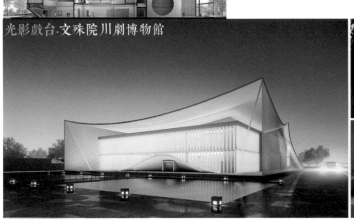

TREE BRANCH
KINDERGARTEN

徐凌芷
华南理工大学二年级

设计说明

　　本设计以自然为主题，树枝为意向，旨在为儿童在一个钢筋混凝土的世界里创造一个自由、开放、纯净的绿色自然森林。设计以每个班级为单体，通过错位相接，顺应地形，自由地舒展在场地上，形成大、中、小尺度层次的室外活动空间。 同时，建筑以纯净的白色和木色为主，旨在突出幼儿园最活泼多彩的幼儿主体，同时让幼儿在简洁的设计中更好地发现室外五彩缤纷的自然世界，让洁白的建筑与绿色的自然融合成一道美丽的风景。 建筑单体为舒展的树枝状，表达的是幼儿多方位接触自然，在自然中自由舒展、肆意生长的概念，通过天窗和木质格栅的双重屋顶设计，保证了室内的良好采光和有效遮阳，同时形成美妙的光影效果。室外庭院形成景观和遮荫效果的同时，为单体与大活动场地提供了过渡空间，使每个单体与室外空间完美融合，形成一个充满自然野趣的整体。

BEST 100

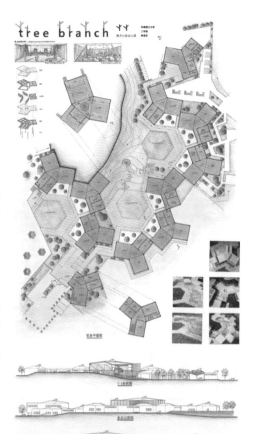

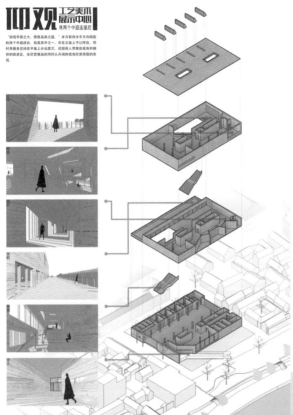

仰观
工艺美术展示中心
将两个中庭连接后

"仰观宇宙之大，俯察品类之盛。"本方案将水平方向相连的两个中庭拼合，抬高其中之一，并在立面上予以呼应，同时用服务的空间在平面上分出层次，试图将人带离低视角和拥挤的旅游区，在欣赏展品的同时以开阔的低角欣赏周围的景观。

将两个中庭拼合后
——工艺美术展示中心设计

刘人宇
山东建筑大学二年级

设计说明

任务书要求在百花洲和文庙之间设置一工艺美术展示中心，设置四个展厅（奇石区、版画区、古书区、木刻区）和体验中心、咖啡区、商店、办公、储藏。

本方案将水平方向相连的两个中庭拼合，抬高其中之一，并在立面上予以呼应，同时用服务空间在平面上分出层次，试图将人带离低视角和拥挤的旅游区，在欣赏展品的同时以开阔的视角欣赏周围的景观。

BEST 100

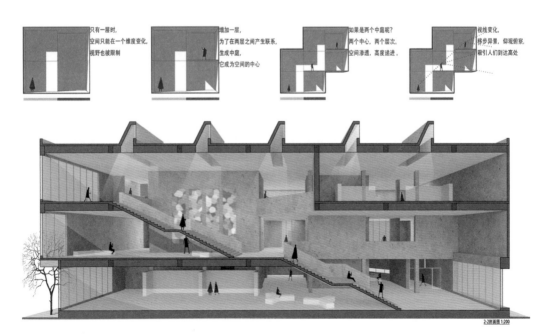

只有一层时，空间只能在一个维度变化，视野也被限制

增加一层，为了在两层之间产生联系，生成中庭，它成为空间的中心

如果是两个中庭呢？两个中心，两层层次。空间渗透，高度递进。

视线变化，移步异景，仰观俯察，吸引人们到达高处

2-2剖面图 1:200

觅·宿

郭鸿宾 刘晓玮

天津城建大学三年级

设计说明

  天津市红桥区具有较为悠久的历史，自清朝以来，便在红桥区出现了最早的商铺和街巷。可以说，红桥区是天津商铺的发祥地。近年来，一种新的团体悄然形成，这个团体打破了人们对传统工人的刻板印象，是一个富有活力的群体，他们被称作"新蓝领"。"新蓝领"与商铺之间的相互碰撞，必定会产生不一样的火花……

  通过对当地居民行为的研究，交通流线的交点往往会产生人为的共享建筑及空间，以此为设计主题，意在创造有生活氛围的空间。在保留传统商铺的基础上，加入了文化空间，以垂直商业－文化街为中心进行人与人之间的交互。商业－文化街的两侧为居住单元。居住单元将传统的楼道空间进行放大，形成四合院形式的组团。每个组团中挑选一个沿街体块进行变异，形成商业或文化空间。由于其租赁的性质，人与人之间的交往将会变得更加困难。因此在每个组团之间创造了许多小的空间，供人们交流，以便让人们能够更加快速地融入群体，并产生归属感。通过组团之间层层叠加，最终形成具有强烈生活气息的居住综合体。

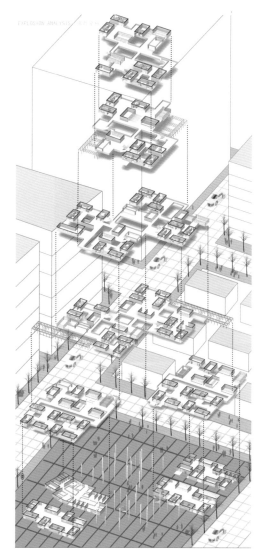

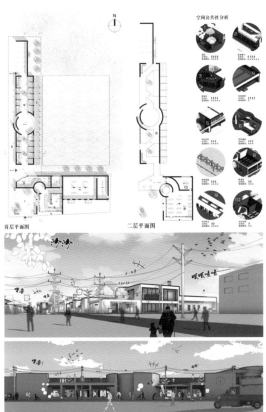

首层平面图　　　　二层平面图

白致远
山东建筑大学三年级

设计说明

　　朝五晚九，概括了村民们一天的生活作息。同样的，整个建筑一天当中的使用时间也是早五点到晚九点。有劳动力的村民日出而作，日落而归；老人们坐卧庭中，黄发垂髫，怡然自乐。而社区服务中心，则成为联系人们生活的重要纽带，为他们带来了可以休息、娱乐、学习和交往的场所，丰富了村民的精神生活，晴耕雨读，颐养天年。

BEST 100

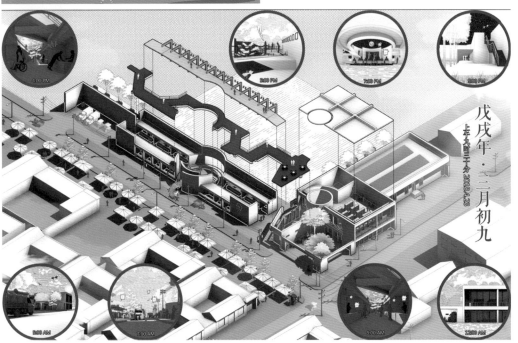

戊戌年·二月初九
上午九时三十分2018.4.25

院落·界面

胡樱子

大连理工大学三年级

设计说明

　　一个世纪的市井繁华，见证了殖民岁月的苦难中，中华精神的生生不息，百年后，却终究走向了将被拆迁的命运。

　　考察选取古老市井的东北一隅，在已拆除的四块中心空地上修建东关街历史博物馆，试图唤起人们对这一方繁华的探寻与回忆。

　　博物馆通过老建筑街区的网格与肌理延伸，转译东关街市井生活余留下特有的庭院空间，并通过推敲四处与相邻老建筑界面的相交模式，将尺度纳入触觉、嗅觉、听觉体系，让参观者有机会用超越视觉的五感，去全面地感知时光的痕迹。

　　院落与界面、空间与材料，引发参观者的遐想、好奇。这一墙之隔的老建筑、旧庭院中，究竟发生过多少动人的故事呢？

　　实体可以拆迁，但百年时光中孕育的记忆与精神，却永远不会褪色。

BEST 100

■内部庭院空间

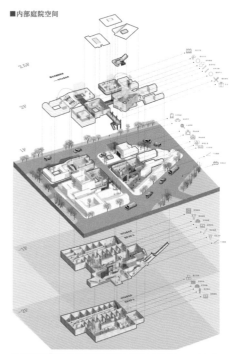

■新老界面构造

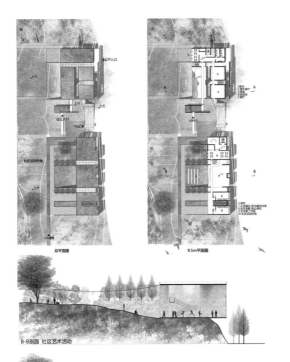

总平面图

9.5m平面图

渗 景
——艺术家社区设计

叶家兴
华中科技大学三年级

设计说明
　　设计场地位于武汉市昙华林，属于武昌老城一部分。近年来随着文创活动在昙华林的萌芽，艺术氛围愈加浓烈，游客也逐日增多，昙华林已成为旧城环境背景下的一张城市名片，汇聚了艺术家、游客、社区居民三类群体。设计在尊重场地中的自然山体风貌的基础上，结合艺术活动，意在打造融于自然的设计，将景色渗入建筑内，让艺术与自然发生共鸣。同时在艺术社区中，让艺术家、游客、社区居民三类群体拥有公共空间的共同话语权。

B-B剖面 社区艺术活动

B-B剖面 社区艺术展览

B-B剖面 社区观影

BEST 100

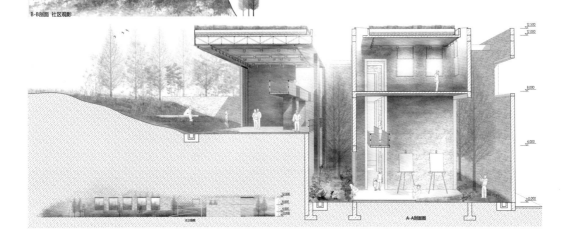

A-A剖面图

双重 · 院宅

朱翼 张卓然
东南大学二年级

设计说明

    双宅保留老街巷的氛围，又为使用者提供一种阳光轻松的居住体验，因此双宅充分利用了屋顶平台，二层可通过平台进行视线交流。

    沿街立面由内部空间要求和外部城市界面决定。由水平的院墙上升起一平一坡两个体量，宛如城市中的山峦。设置小窗，简洁明朗的双宅外部界面保持一致，内部空间根据自身特点做出分别。中部共用一面墙，墙两侧空间或是较为公共，或是开小窗，避免了彼此过多的干扰。

    C 宅平面以楼梯为中心并围绕其展开。楼梯成为住宅的肚脐，位于最重要的地位。房间内部隔墙较少，保证视线通透与空间流动，同时有利于流线于其中循环。楼梯东侧房间设置了推拉隔板，具有双重性与可变性，体现"开放建筑"的概念。

    D 宅基地相对 C 宅更内向和私密，同时也更逼仄。设计从问题出发，希望给年轻夫妇和老年夫妇组成的这个家庭一种从建筑内外、建筑与环境、包裹与开敞，到适合季节更替、使用者年龄段的双重的生活。

BEST 100

一层平面 1：100   二层平面 1：100

C宅剖透视   D宅剖透视

C宅室内透视   D宅室内透视

奥帆博物馆设计

李家加

青岛理工大学三年级

设计说明

    在此次博物馆设计中，展览空间是其核心，因此本方案试图探索一种连续的、有趣的空间与流线，以吸引游客并使之获得完整连续的参观体验。

    垂直的墙与水平的楼板如何衔接是本设计的主要研究点。通过片的扭转将墙与楼板衔接，水平与垂直之间产生了连续的过渡，其本身作为展览流线的重要组成部分，扭转处作为楼梯交通空间。

    扭转的角度、扭转的位置、扭转片体之间的组合、内部展览空间的流线、外部建筑的形式是探索的要点。在这种设计逻辑下，经过一系列分析比较，得到一种合适的内外部空间组织形式，形成最后建筑形体。在绿色建筑软件的分析辅助下，进一步优化形体造型，改善细部构造，使之节能舒适，采光通风优良，最后的建筑合理实用、空间纯粹、形式优雅，充满了流动的诗意。

BEST 100

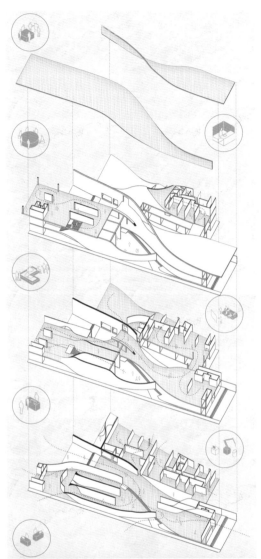

迷 城
——北院门小客舍设计

汪瑞洁
西安建筑科技大学二年级

设计说明

　　本设计选址于西安北院门街区（回民街），基地毗邻一组保存较好的老宅院——北院门 144 号院（即高家大院），进行包含 25 间客房客舍的设计。设计思路是对排布对称的六个盒子体量按一定逻辑进行空间操作，使它们南北贯通、上下衔接的同时又与老建筑东西相连，形成酒店的院落、走道、退台、广场等空间，使得每种客房的居住体验都不一样。新建筑和老建筑协调共存，在新建的现代酒店中营造传统大院的生活感觉。

BEST 100

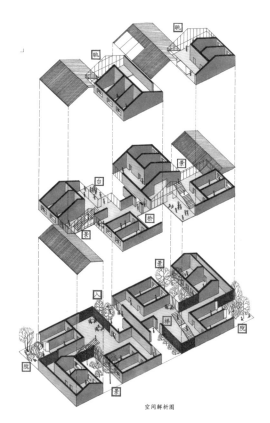

空间解析图

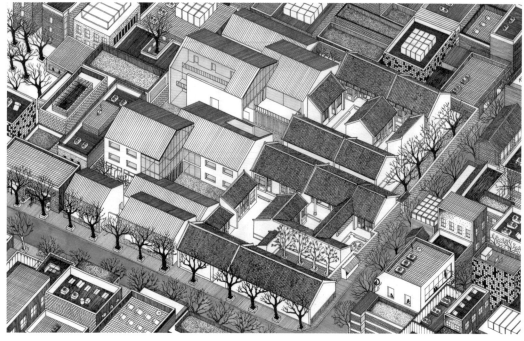

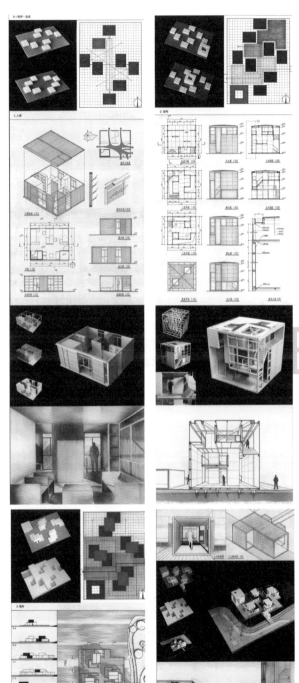

湖上居
——秩序·人居·建构·场所

胡铃儿
浙江大学一年级

设计说明

E01 秩序·生成

选择了 4.8m×8m 的长方形作为基本单元，具有实体感强、围合性弱、方向感弱的特点。在设置时将两个单元组成一组，强化整体的方向性，而整体上突出了中轴线。

E1 人居

在空间划分上，沿长的方向贯穿的轴线将空间分为公共和私密两部分，也使该轴线成为集装箱内部的主通道；在内部布置上，以书柜-墙面-书柜的顺序间隔排布，自然地留出了卧室入口，以给人虚实相生的行走体验；在外立面处理上，大面积推拉百叶窗的设置既满足了遮阳需要，也使外立面呈现多变的形态。

E02 秩序·演变

加入了平面上 8.4m×8.4m 的正方形服务中心。服务中心置于一侧空地，保留 E01 的集装箱设置；明确了出入口，由此生成主干道，呈现出场地的公共与私密性。

E2 建构

采用梁柱结构，在分析结构形成后发现有大量依赖屋顶悬挂承重的位置，因此通过纵横排成网格的梁以及十字交叉的两根粗壮的大梁形成屋顶的承重体系。

E03 秩序·生成

加入了四个新的集装箱。将集装箱设置在二层，保留了四组集装箱的形制；二层的集装箱将一层的两个集装箱联系起来，增强了群组性和方向性；在二层添加了联系两个集装箱的走道，充分利用了集装箱顶部。

E3 场所

将每三个集装箱堆叠形成一个组团，整体布置在形态上泾渭分明，可视作清晰的路径骨架，将集装箱组团搭在上面，连接出入口的道路是整个场地最主要的道路，道路以北的区域私密性逐渐加强。为了强调四个组团的形态，对场地的四个角进行了切割；在路径的转角设置了花坛，使集装箱组团有清晰的轮廓；为了强调路径的方向性，沿路排布了矮灯。

挪 放
——"胡同表情"四合院工作室改造

邢璐
北京建筑大学一年级

设计说明

本作品是将北京市西城区一处老旧四合院改造为设计师工作室，在满足工作需求的同时，将临街的倒座房改造为可面向公众开放的具有共享功能的"胡同表情"。整个建筑以动静划分大区域，由南至北逐渐从开放转向私密，与建筑功能相吻合。"胡同表情"部分引入了实验剧场的概念，通过对三种不同尺寸的家具单体进行"挪"与"放"，实现空间功能的转换，将工作用的会议室和开放共享的剧场合二为一，作品名称"挪放"也正取其意。

此外，北侧的设计师工作室部分采用了穿插结构，将储物间和开放办公区所处的东厢房以单独体块的形式插入位于北侧的正房，既能实现划分空间的作用，又能保证两个房屋的联系，还可以让结构更加丰富、有层次感。

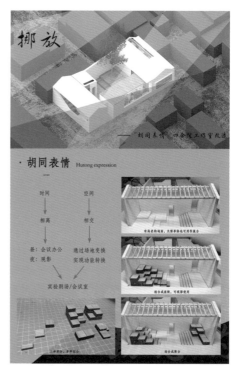

BEST 100

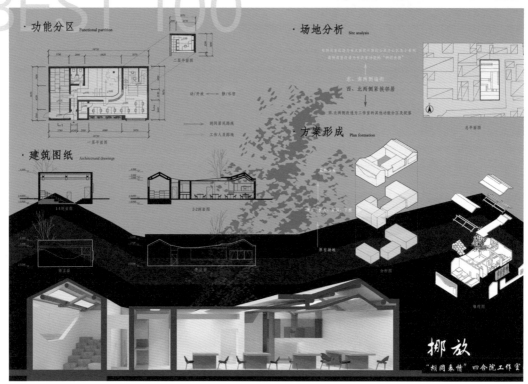

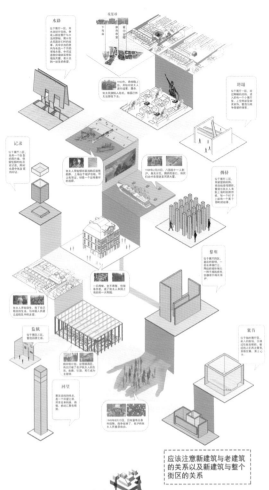

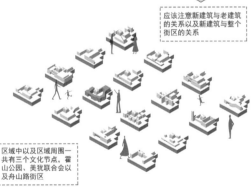

应该注意新建筑与老建筑的关系以及新建筑与整个街区的关系

区域中以及区域周围一共有三个文化节点，霍山公园、美犹联合会以及舟山路街区

三层　二层　首层　二层

游客流线　居民流线　员工流线

弄堂里的犹太遗迹
——中型博物馆设计

贾槟宇　王媛
天津城建大学三年级

设计说明

　　犹太民族曾对世界文明做出巨大贡献，历史上生活在中国的犹太人是犹太民族的一个组成部分。二战期间，大量欧洲犹太难民逃亡至上海提篮桥区域并长期居住，而这段历史，却鲜为人知。上海犹太难民历史博物馆的设计，旨在纪念这段深厚的中犹友谊，用建筑的语言让人们去感受这段历史。设计中展览与社区服务相结合，使博物馆真正融入人们的生活当中。

　　博物馆选址设在霍山公园的北侧，选址中对一栋历史建筑——美犹联合救济委员会旧址进行保留并利用。不仅仅将这段历史保留，还记录了历史记忆价值与现今居住状态的共生、犹太文化与当地传统的融合，继而得到历史与当下、外来与本土的双重发展。

　　博物馆一共分为三个部分——展厅区、保护建筑和临时展厅区。展厅区主要以展示为主，办公为辅，办公区为两层，展厅的第四区为三层。保护建筑主要以多功能展示为主，加上阁楼一共四层。临时展厅区以临时展万、剧场、社区居民活动以及返回的犹太人相聚空间为主，共两层。

宅享互"联"
——城市边缘地铁高架桥下的共享生存指南

何玫璋 李冠达
天津城建大学三年级

设计说明

　　城市的发展是在技术与工业的快速发展背景下得到推进的，因此，技术成为城市发展的重要诱因。而今，信息化程度的不断提高给予了城市和住宅新的发展方向。但是，住房问题仍然是困扰青年人的一大问题。在中国的一、二线城市，青年人往往住在偏离市中心的区域，地铁成为他们上班和生活的主要交通方式。地铁线路就像城市的神经一样，串联起了城区和郊区，同时串起了青年人的生活和梦想。

　　建筑位于北京市生命科学园地铁站的高架桥下，充实了高架桥所占用的城市空间，同时为青年人的出行提供了便利。在高架桥下建立不同高度的桥下之桥，将建筑的核心区域串联起来，既提高了内部空间的使用率，又增强了建筑与城市之间的联系。目标人群根据基地周围的情况和市场人才的需求选定，将互联网产业的上下游行业从业者作为建筑的使用者，通过相同模数的组合和对空间可达性的分析，将桥下空间进行分区和拆解，共享空间渗透进建筑的每个角落，户与户之间的让渡空间，组块与组块之间的公共空间以及"桥"交叉处的联合办公空间，共同构成了建筑的主题。

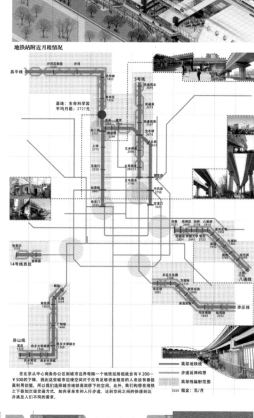

地铁站附近月租情况

在北京从中心商务办公区到城市边界每隔一个地铁站房租就会有￥200—￥500的下降，因此这些城市边缘空间对于没有足够资金租房的人来说有着很高利用价值。此外，我们选择城市地铁高架桥下的空间。此外，我们构想在地铁之下叠加次级交通方式，如共享单车和人行步道，达利空间之间的快速到达并满足人们不同的需求。

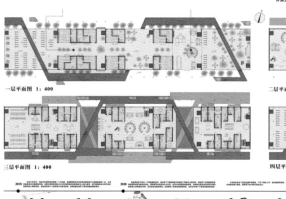

一层平面图 1：400

三层平面图 1：400

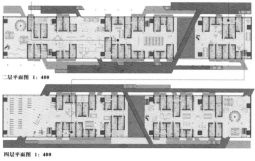

二层平面图 1：400

四层平面图 1：400

玻璃墙·绘画

虚实空间·捉迷藏

屋顶·攀爬 轮滑 奔跑

光影通高·手影

肉夹馍之诗
——以儿童为主的社区服务中心

张琪瑞
西安建筑科技大学二年级

设计说明

　　基地所处地区历史文化底蕴深厚，多方利益交错，居民利益往往被忽略而得不到保障。设计的概念和场景感来源于和基地对面卖肉夹馍老大爷的交谈，最后演变成一首诗。设计从基地南北两边的民居建筑提取坡屋顶元素，加上前期对儿童行为特征的总结，将台阶斜坡的起伏变化形成屋顶，并一同解决室内外垂直交通。在路易斯·康的理念下，划分主形体解决儿童及相关配套活动，一层辅空间在保证分流的同时解决社区服务及必要功能，提高建筑整体品质。

BEST 100

一层平面图 1:200

二层平面图 1:200

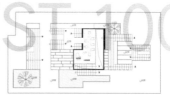
三层平面图 1:200

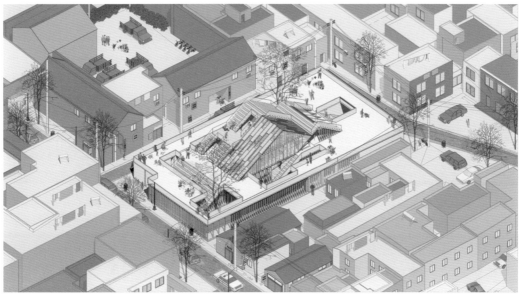

曲径通幽
——建筑师工作室

秦智琪
山东建筑大学一年级

设计说明

方案以院落为中心，强调中心轴线。通过院落下沉、空间界面处理和书架围合，形成围绕中部空间的曲折流线。随着视点变化，空间呈现富有节奏感的收放变化，书洞引导人的视线穿过空间层层递进，回归中心院落。

空间·流线分析

院落·视线分析

使用不同的界面围合庭院，限定空间的同时划分空间层次。观景方向暗示空间的主轴线：站在讨论区向东看，空间层层递进，纵深感强烈，庭院作为框景成为点睛之笔。

轴测图

接待区
茶水间
讨论区
卫生间

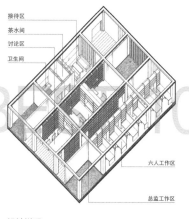

六人工作区

总监工作区

设计说明

方案以院落为中心，强调中心轴线。通过院落下沉、空间界面处理和书架围合，形成围绕中部空间的曲折流线。随着视线变化，空间呈现富有节奏感的收放变化，书架的书洞引导人的视线穿过空间层层递进，回归中心院落。

空间限定

平面图 1:40

功能分析

主体空间
附属空间
交通空间

交通流线引导来客进入附属空间，方便接待，同时为办公人员提供安静的工作环境。

梁柱分析

梁柱分布合理，更好地强调空间结构的划分。

光线分析

工作区开窗朝南，横向长窗保证光线充足。

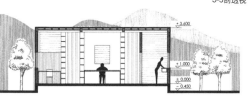

3-3剖透视

空间感受1　　　　　**空间感受2**

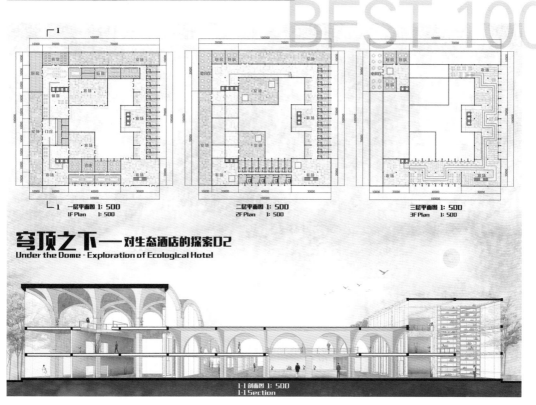

立面图

西立面图

北立面图

东立面图

穹顶之下
——对生态酒店的探索

郑天澍
沈阳建筑大学三年级

设计说明

本次度假酒店设计，选址在东北沈阳棋盘山。棋盘山绿树环绕，景色优美，所以我希望能营造出人与自然和谐共处的酒店。东北地区自古就有温室大棚这一空间形式。这次设计以大棚为原型进行演变，住宿和用餐区以混凝土做类似大棚的形式，并且根据空间所需的尺度进行变化。植入生态的元素，例如种植，力图营造出自给自足的生态模式。整个建筑用一条主要通道串联起来，三层为屋顶花园，一层、二层为客房区，不仅提高了保温性，还增加了几分乐趣。

BEST 100

一层平面图 1:500
1F Plan 1:500

二层平面图 1:500
2F Plan 1:500

三层平面图 1:500
3F Plan 1:500

穹顶之下——对生态酒店的探索02
Under the Dome - Exploration of Ecological Hotel

1-1剖面图 1:500
1-1 Section

Sailing
——Mixed-use urban design

李欣桐
山东建筑大学三年级

设计说明

　　本方案通过结合帆船之都奥克兰的海洋文化背景和选定艺术家 Sugimoto Hiroshi 追求永恒的艺术主题，创造出象征帆船形象的美术馆及公寓建筑综合体，希望打造当地新的地标建筑。方案通过不同的空间操作手法、空间明暗变化和不同高度层次的视线交流，营造出多种氛围的空间。丰富的公共空间类型也加强了场地的公共开放性，增加了整个城市中心区的活力。

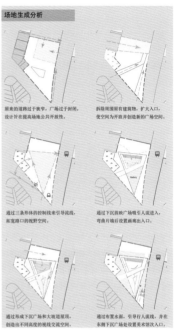

场地生成分析

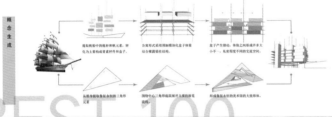

概念生成

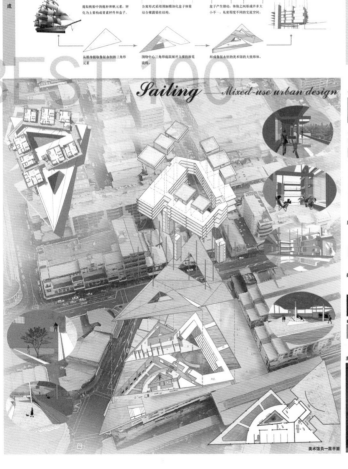

美术馆负一层平面

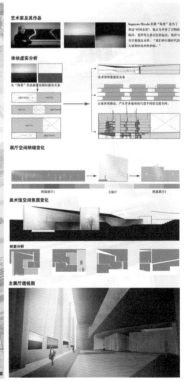

艺术家及其作品

体块虚实分析

展厅空间明暗变化

美术馆空间氛围变化

剖面分析

主展厅透视图

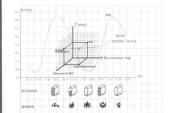

TIDING SPACE
——基于潮汐变化的创客空间设计

蔡怡杨
合肥工业大学三年级

设计说明

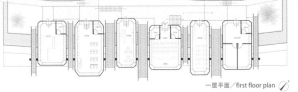

■ 概念逻辑 / CONCEPT DIAGRAM

项目选址于青岛崂山区，基地临海，环境随潮汐呈周期变化 。方案以潮汐水位变化为出发点，通过研究不同时间段创客群体的活力状态，塑造对应需求的空间围合，最大程度地激发创客活力。同时，通过材料（M）、环境(E)、时间(T) 三个维度聚焦建构，创造出新的随潮汐变化的墙——TIDING WALL。通过改变传统"墙"的空间属性，营造出封闭、半围合和开敞的空间。墙在时间维度上的变化使人在同一空间中即可获得不同的体验。

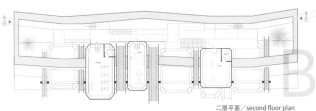

一层平面／first floor plan

二层平面／second floor plan

青岛每日有两次高潮和两次低潮，平均潮差为 2.8 米左右。除了塑造出不同的空间体验，势能差值可转为动能发电进行利用。水能作为清洁能源，不仅能减少环境污染，同时，水力发电可用于建筑照明、调节潮汐墙高度、驱动水循环制冷等。

TIDING SPACE

庭中栖
——大学生居住单元寝室设计

许逸伦
湖南大学一年级

设计说明

　　本方案选择将天马学生公寓同层相邻的两个原有单元体改造成新的单元体。方案概念取自庭院，希望通过围合的方式营造庭院氛围，促进舍友之间的互动，同时又能满足现代大学生多样化、个性化的居住需求。

| 等分 | 偏移 | 退让 | 分区 |

平面图 Plan

H+1.2m平面 1:60　　H+2.3m平面 1:60　　H+3.5m平面 1:60

剖面图 Profile

1-1剖面 1:60　　2-2剖面 1:60　　3-3剖面 1:60

客厅由于四周的围合上升，以及顶部的采光，获得庭院氛围。

客厅拥有聚会、集体讨论、餐饮、家庭影院等功能，同时又提高了储物空间。

飘窗与书架为居住者提供了冥想空间，同时也是看书、休闲的好去处。

卫浴采用三分离，再加上可双向使用的水槽，缓解了使用拥挤的情况。

个人空间各有特色，可根据不同的需求居住。

个人空间也采用了庭院式的手法，在保证公私分离的情况下，又促进了人的互动。

场地分析 Site analysis

Hou Lake

选址位于天马学生公寓最靠南的日新斋（男生寝室），将相邻的两个原有单元体合并，形成新的单元体，并把它置于顶层的朝南侧，以获得较好的采光条件和湖景。

位置选择 Location selection

居住活动

落地床铺　冥想空间　家庭影院　学习环境

前期调研 Investigation

公私分离　干湿分离　动静分离

增加储物　增加采光　设置客厅

前期通过网络问卷的形式搜集了现有寝室的问题，挖掘大学生对现代寝室的不同需求，以激发和完善本次设计。调研结果可归纳为两类需求，即共性需求与个性。而这些需求多都与学习工作、就寝、洗浴、休闲娱乐等居住活动有关。

庭中栖
"校园·家"
大学生居住单元寝室设计

Dark & Bright

Elements

赵婧柔
天津大学三年级

设计说明

我选择的艺术家 James Gleeson 是一名澳大利亚当代超现实主义画家。他对荣格的"集体无意识"很感兴趣，在创作中着力于用超现实的手法表达人人能够理解的真实，像是把人带入了梦境之中，用抽象的方法映入人心。他的作画题材多样，涵盖从神话故事到个人感受等方面。不论题材如何，他的画作总是描绘一种相当旷远宏大的场景，有强烈鲜明的色彩与明暗对比。看着他的大幅画作，观者总会不由自主地走入梦境般的场景里，听到旷远场景中的"混响"。

因此，在这个美术馆的设计当中，我试图创造梦境般的场景，给观展者带来超现实的体验。梦境模糊内外边界，充满片段式的跳跃情节，充斥着现实的碎片。因此我选取了曲线的形式，同时结合艺术家作品的特点，将场地周围的声音引入建筑中，作为场景创造的重要部分。

建筑的原型通过对艺术家作品特点与元素的分析而产生的，同时希望达到还原作品中氛围的效果。作品中常出现人的肢体、深海软体动物、天空与波浪等，各个元素有时相互粘连，有时作为单独的"器官"出现。建筑的形体参考了这些元素，结果上讲类似一个个听觉器官的结合。

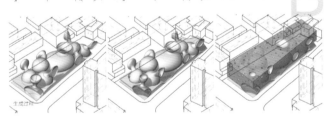

生成过程

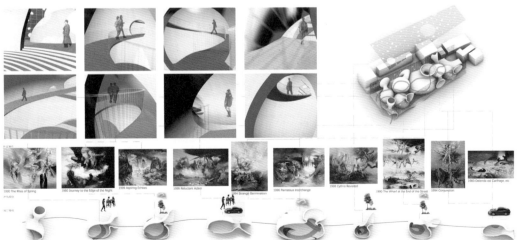

黑 白
——人居·建构·场所

高存希
浙江大学一年级

设计说明
　　该设计各个部分之间的逻辑关系是一个整体得以形成的重要基础，以秩序实现人居、建构、场所的统一。

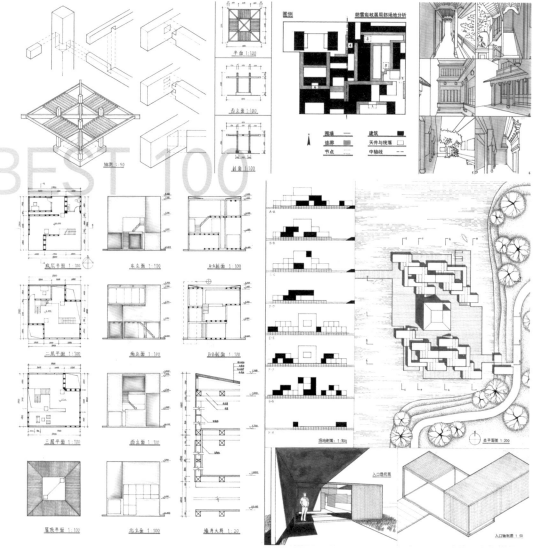

BEST 100

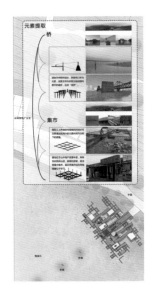

续桥 · 叙桥
——于中朝边境社区活动中心设计

王心如
山东建筑大学三年级

设计说明

  基地位于中朝边境鸭绿江边的浅水区。鸭绿江为中国和朝鲜之间的界河，抗美援朝战争时靠大大小小的桥梁将两国相连，而如今的江上残留着很多被炸毁或破坏的断桥遗址，见证着两国人民的团结与历史。基地上残留的桥墩，使新建筑成为记忆的延续，而桥下则是提供贸易集中点的集市。提取当地江水养殖网箱鱼的元素，网格状灵活布局结合支撑桥的结构，可随当地人民与游客的使用要求弹性变化，集市的存在丰富了人民的生活，给予了新鲜水产品与当地特有山货集中售卖点，渔船行驶在桥下，停靠在集市的码头上，新的建筑在桥上"续桥"、桥下"叙桥"。

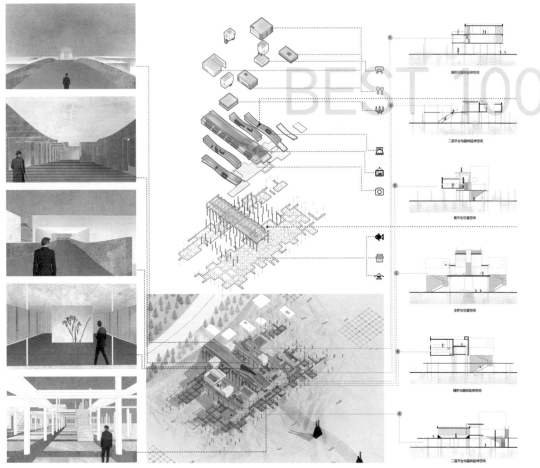

侵蚀·旧城
——青年旅舍设计

刘浩然
东南大学二年级

设计说明

　　方案场地位于南京老门西——一个正在保留有百年城市文脉肌理的老城街区，也是一个正在受到侵蚀的老城区。街区内部旧式民居保存完整，其中一些院落甚至是文物保护单位。但是，一批缺乏人文关怀的新建筑的出现，在一定程度上破坏了原有的老城区肌理。

　　青年旅舍作为年轻旅客的暂住地，在提供基本起居服务之外的人文环境营建，以提供社交娱乐场所、展现城市特色为目标。因此在满足任务书的硬性指标之外，设置了两个层级的公共空间，较小的活动平台被四个房间围合形成单元，单元再次按秩序组合形成建筑体量，较大的公共空间为整个建筑提供综合性的娱乐活动场所。

　　设计试图从场地原有的传统民居中获取灵感，将合院、坡屋顶这些传统元素与现代的建造逻辑结合，在单元的构建中融入合院、天井等传统元素，营造富有乡土情怀的公共活动空间，既织补了断裂的城区肌理，又让旅客融入老城区的生活，追回正在逝去的老城记忆。

二层平面图 1：200

三层平面图 1：200

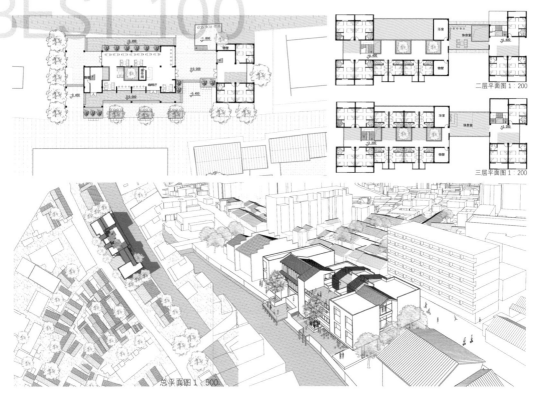

总平面图 1：500

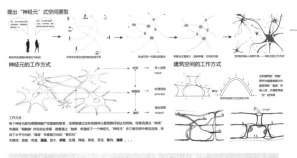

提出"神经元"式空间原型

神经元的工作方式

建筑空间的工作方式

工作方式：

每个神经元都与周围细胞产生直接的联系，信息就通过这些身体以最短途径到达目标，信息通过这个"轴突"传递到"树突时"并在此处停留，接收通过"树突"传递到下一个神经元，"树突"在三维空间中相互连接，形成了水平方向的"通道"和垂直方向的"管状柱"。

关键词：连接、传递、放大、停留、网络、系统、资讯、张力、通道

浮动の神经元君
——基于消极空间改造的高校综合体设计

河北工业大学三年级

设计说明

本次设计方案的基地选在天津某高校的老校区内，对原有的两栋老旧建筑进行改建并融合到新建建筑中。本方案的主题为"浮动的神经元君"，概念来自于学生日常的行为特点，将公共空间节点放大，交通空间适当收缩，形成"神经元"形平面布局。在竖向设计中延续"神经元"概念，以管状柱作为支撑、采光等，最终形成方案。

风场分析与形态优化

风速为4m/s，相当于人骑自行车时所感受到的风速的二倍，夏季主导风向为东南风，建筑体量为方形时，在凹角处风速发生突变。

风速为4m/s，夏季主导风东南风顺建筑形体均匀吹过，对比出曲线型建筑周围风场分布均匀，行人舒适度高。

风速为4m/s，冬季主导风向为西南风，风从原有两栋建筑的空隙吹向方形体量，建筑周边风场不均匀，舒适度差。

风速为4m/s，冬季主导风西南风从原有两栋建筑的向曲线型体量，通过对比曲线型平面建筑周围风场均匀，舒适度高。

室内照度与光筒位置研究

照度为5000lux，当建筑内部不加光筒时，建筑内部照度较低，不适合工作。

照度为5000lux，按照方案二加入光筒，对比发现室内照度有所提升，但仍有照度较低范围。

照度为5000lux，按照方案一加入采光筒，对比第一个结果，室内照度增加明显，但照度较低的范围依然较大。

照度为5000lux，按照方案三加入采光筒，对比前两个方案，室内基本保证足够的照度，且光环境较为均匀，适合工作，此方案为优选方案。

办公空间
报告厅

屋顶休息区

图书阅览
体育场

办公空间
剧场

展厅
创客实验室

咖啡
更衣室
游泳池

浮动の神经元君
——基于消极空间改造的高校综合体设计

Purity & Nature
——纯净自然博物馆设计

聂一蕾 王敏书
哈尔滨工业大学三年级

设计说明

　　方案以纯粹自然为主题。选址避开了人流密集的区域，选定在相对僻静的山峰处。游客到达的主要交通以缆车为主，为游客在交通过程中创造一个体验自然的机会，作为游览活动的前序。建筑形体以一个纯粹、不迎合的姿态展现在自然环境中。方体空间与透光多孔板，与周围山体形成对比，而内部空间以几何球体作为形式的主题，以营造一种不同于城市中格子间的空间体验。建筑内部球体空间以穹顶、水池、展厅、"生态球"等各种形式呈现，游客可通过环绕、进入、螺旋等一系列参观活动，进行"抽离的自然元素—禁锢的自然—局部的自然—完整的自然"的观展体验。

BEST 100

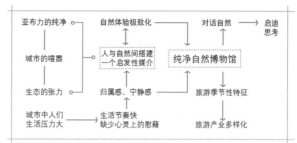

选取主题为纯净自然博物馆，为城市中的人与大自然间搭建起一个启发性的媒介，充分发挥博物馆的教育意义。通过自然—建筑—建筑中的自然—自然的空间序列，给予游客极致的自然体验，同时也为游客带来心灵上的愉悦，并且可以提升人们对自然的热爱与保护。

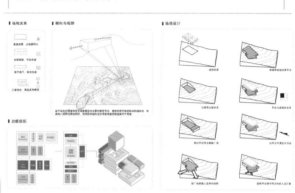

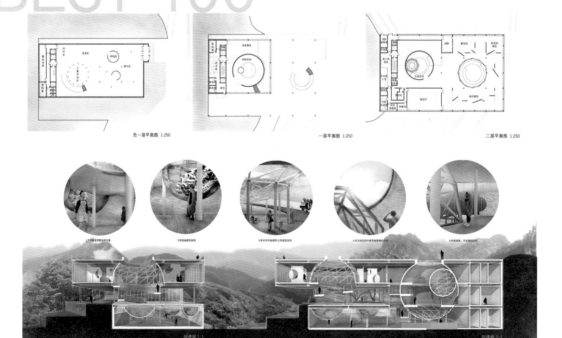

负一层平面图 1:250　　　　一层平面图 1:250　　　　二层平面图 1:250

剖透视1-1　　　　剖透视2-2

三层平面图 1:300

二层平面图 1:300

首层平面图 1:300

大城小梦
——社区中心建筑设计

林越东
武汉理工大学三年级

设计说明

　　社区中心基地位于某高校教职工宿舍一侧空地。基地内有一栋旧式红砖房，西侧为珞狮南路，交通便利，并且有一待建地铁站，未来辐射范围将会较广。拟在基地内建设的社区中心功能丰富，包含街道行政、社区活动以及社区服务等，是一个较为完备的服务综合体。设计注重人在社区中心的切身感受，旨在以流线为主轴，沿线创造丰富的场地空间，通过空间与装置的设置，使得建筑在满足功能需求的基础上，还具有哲学基础和艺术价值，重新赋予社区中心建立的初衷，即激发社区活力，鼓励人们走出家门，走进社区，对抗城市化带来的疏离感，摒弃依托现代科技产生彼此联系的模式，淡化物质，消解阶级，回归最原始也是最自然的社交方式。

BEST 100

119 / 186

WANDRING ARCHIVE
——城中村档案馆设计

徐志维
深圳大学二年级

设计说明

从最初的园林画卷以及实地调研着手，分析园林中一些片段的空间关系，再由片段组合的体量入手，探讨片段与片段之间形成的空间特点，之后再去归纳园林空间体量的组织特点。结合实地感受发现，园林空间看似无序，其实处处都体现了人与空间关系中反反复复的摸索刷新感，加之造园师巧妙运用草木掩映、建筑的主次安排等手段，在潜移默化中引导着人的体验，使得人们在园林中行走有一种记忆重溯、迂回婉转的感觉。因此结合之前的空间提取素材，循着这种记忆刷新与重溯的节奏，去营造一个更具自我感受的园林概念空间。

第一阶段：片段提取
STEP ONE : FRAGMENT EXTRACTION

第二阶段：空间分析
STEP TWO : SPACE ANALYSIS

第三阶段：概念空间生成
STEP THREE : CONCEPT SPACE CREATION

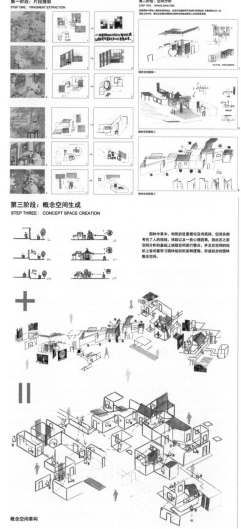

概念空间草构

第四阶段：转译概念空间
STEP FOUR : CONCEPT SPACE TRANSLATION

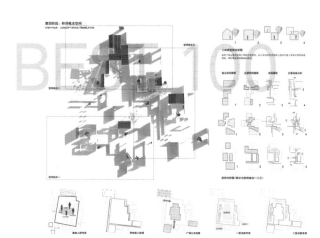

WANDRING ARCHIVE
城中村档案馆设计

一层平面图 1：300

二层平面图 1：300

听见你的声音
——社区养老服务中心 / 幼儿园设计

刘璇 赵英豪
东南大学三年级

直接参与：活动可能性

当养老服务中心与幼儿园同时设置的时候，老人与儿童具有直接活动的可能性。在保证二者独立管理的前提下，同时可以让老人有组织地进入幼儿园让儿童进入养老中心并接受活动。

但在这种情况之外，幼儿园长期处于封闭状态，因此需要讨论的是，在老人和儿童一起活动之外二者活动间接联系的可能性。

间接参与：声音——活动

对声音的关注来源于调研期间发现场地的乐音与噪音并存的现象。在本应安静的区域，风吹树叶与老年人唱诗播唱带来了高于闹市的分贝值。但这声音令人舒适，因此，我们希望将幼儿园热闹的活动声音引入养老中心，嘈染养老中心的生活气息，摆脱冷寂清静的氛围，同时人们也可以用声音回应，从而为整个社区带来活动。

可看，可听

不可看，可听

不可看，不可听

生成过程

设计说明

　　基地位于南京老城旧社区，场地建筑密度高，原场地有一社区养老中心和幼儿园，社区内老年人缺乏公共活动场所，幼儿园封闭管理，两者相互隔离、缺乏联系。设计希望打破传统的居家或机构养老模式，探索"社区养老服务中心 + 幼儿园"的新型方式，让老人和小孩具有更多交互活动的可能性。

　　设计概念从声音出发：就场地条件而言，灵感源于嘈杂的闹市声与老年人唱诗、儿童嬉笑、风吹树叶的乐声并存，在设计后期充分利用乐声来回避噪声。就空间组织而言，合理排布功能动静分区，让老人和小孩既有直接的活动联系，也有以声音为依托的间接活动参与。就心理需求而言，老人和小孩作为边缘人群，均有被聆听的心理需求，设计最终希望为二者提供发声平台，达到互相倾听内心声音的目的。

E——20:00
社区广场

晚饭后的老人带孩子来社区广场散步广场上，老人起舞，养老中心多幼能厅前正放映着露天电影热闹非凡，活力重现

迴
——特殊自然环境群体空间设计

国珂宁 林子轩
哈尔滨工业大学三年级

设计说明

　　该自然 & 滑雪文化博物馆选址于黑龙江省哈尔滨尚志市亚布力滑雪度假村内一处矛盾集中的临水高地。该方案在充分挖掘场地隐含信息的基础上，着眼于自然空间序列与人为空间序列的平衡关系的探讨。此外，该方案在空间形式与材料建构上充分考虑寒地建筑地域性特征，利用被动式节能技术大大降低建筑能耗。该设计通过直曲穿插的外部形态、抑扬顿挫的内部空间、技术引入的微气候变化，以及情感氛围的营造等等，对"特殊环境下群体空间设计"这一主题做出回应。

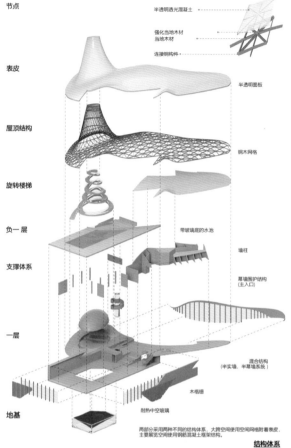

节点	半透明透光混凝土
	强化当地木材 / 当地木材
	连接钢构件
表皮	半透明面板
屋顶结构	钢木网格
旋转楼梯	
负一层	带玻璃底的水池
支撑体系	墙柱
	幕墙围护结构（主入口）
一层	混合结构（半实墙，半幕墙系统）
	木格栅
地基	耐热中空玻璃

两部分采用两种不同的结构体系，大跨空间使用空间网格附着表皮，主要展览空间使用钢筋混凝土框架结构。

结构体系

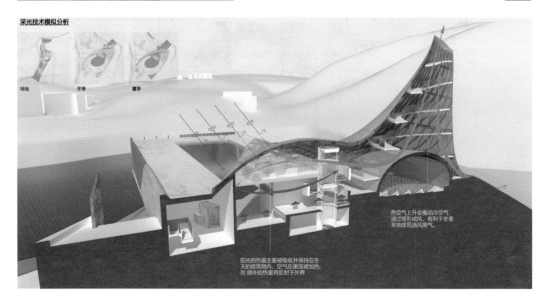

采光技术模拟分析

场地　　冬季　　夏季

阳光的热量主要被吸收并保持在冬天的建筑物内，空气在里面被加热；而额外的热量将反射到外界。

热空气上升会推动冷空气，通过塔形成风，有利于冬季寒地建筑通风换气。

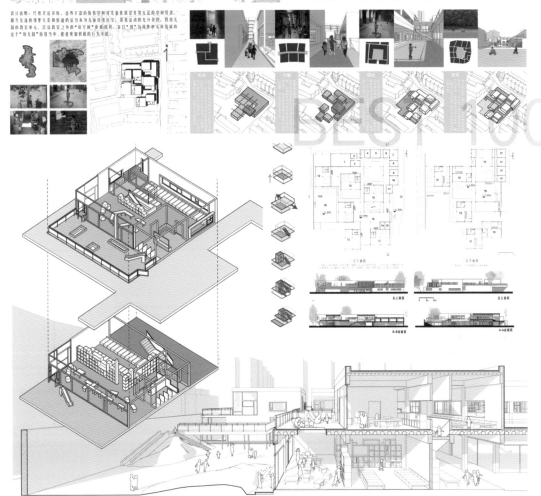

游戏街巷
——南京老城中的幼儿园设计

周隽恒
东南大学三年级

设计说明

　　尺度灵活多样、边界丰富的街巷空间对儿童来说是非常充足的空间资源，相互交流的邻里关系和街道的活力亦为儿童自发社交、游戏活动的充分条件。将幼儿园的教室单元以及教室之外的"负空间"重新组织，在以"班"为邻里单元所组成的这个"幼儿园"街巷当中，促进更加积极的行为可能。

静谧与喧嚣

郭佳
西安建筑科技大学一年级

设计说明

  大诗人希克梅特曾说，"在中国的茶香里 发现了春天的芬芳"，我品尝的是中国的历史名茶——祁门红茶。我希望设计的是一个从茶文化里衍生出来的诗意空间，旨在使人在世俗中寻找内心的一丝禅意。我设计了一个个封闭和开放的空间，在封闭中享受独自静谧的思索，在开放中感知外界的喧嚣，真正的静谧并非隐匿于山水之间，而是于闹市之中寻找到自己心灵的避风港。在红茶的缕缕香气中，给人以自省的一方天地。

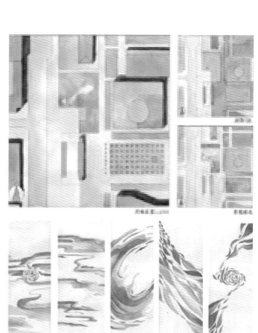

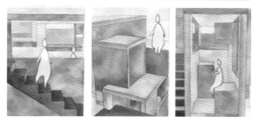

亦 城

设计说明

　　M60 所在区域在 20 世纪七八十年代是昆明的老工业区，承载着那个时代人们的理想，记录了当时民众的生活状态。现今的文创园留存下工业时期的痕迹，项目以"时间长廊"为概念，保留场地内一原有废弃厂房，将时间与空间片段串联更迭，形成建筑与周边环境以及周边建筑的对话，希望唤起人们对于时代的记忆，同时植入多层次空间体验，继而激发 M60 区域的活力。

它亦是城中的一隅，亦有自己所承载的记忆和脉络，奈何彼历史与城市遗忘！亦城，诉说一个城市的失意；亦城，唤起一个时代的城市

亦城

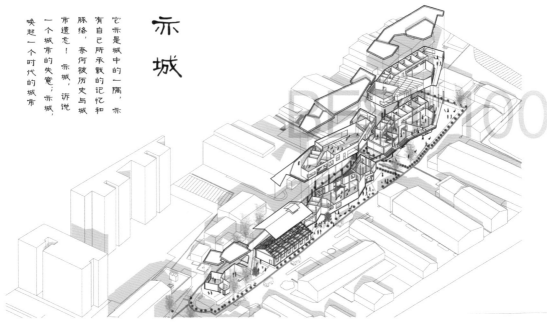

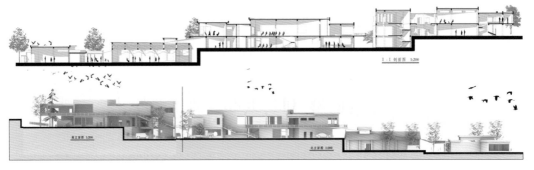

南立面图 1:200

北立面图 1:200

收·放·穿·行
——皮划艇俱乐部

罗洋
浙江大学一年级

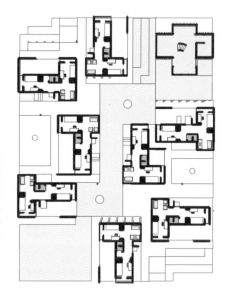

设计说明

　　方案坐落于紫金港启真湖中央，东西与两大教学区相连，北眺月牙楼，南望湖心岛，为一个建造于湖面甲板之上的皮划艇俱乐部。方案由最初的乐高体块堆叠发展而来，经过两次修改形成现在的布局，但依旧保留私人庭院与公共活动区域。由于建造在湖面之上，四周视野开阔，景色宜人，所以在私人空间的处理上更倾向于向外打开，引入景观，希望借此制造亲水、亲自然的居住体验，以及公私分区、居住其中安宁宜人的效果。布局方式对中式古典园林有所借鉴，行走其中，体验空间"放—收—放"的感受，在大空间、小空间、开放空间、较封闭空间之中穿行，体会到空间在不断变化。

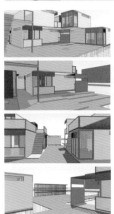

海山仙馆
——荔湾岭南文化艺术博物馆设计

徐嘉迅 肖俊
华南理工大学三年级

徐嘉迅 肖俊
华南理工大学三年级

肌理 Texture　　公共 Public　　退让 Retreat

绿地 plant　　水系 water　　视线 sight

抬升 Lift　　整合 Compose　　对比 Contrast

人流 population　　高度 hight　　交通 traffic

设计说明

　　城市是最好的博物馆。 将老城的肌理复原于人体尺度，满足现代功能需求的大空间悬浮于老城之上。新旧分界的界面开放成市民广场，让公众目睹广州老西关的前世今生。

　　广州荔湾湖地区地处西关老城腹地，周边存有大量低层高密度保护建筑，街区尺度狭窄而肌理完整。场地北朝荔湾涌；西向广阔的荔湾湖公园，拥有极佳的景观资源，周边水资源较为丰富；南侧历史街区肌理保留完整；东侧新建住宅楼体量相对较大，然而缺少集中、大体量的城市公共空间节点。

　　体量逻辑：以合适尺度的 box 划分回应周边街区形态，通过架空大体量解决博物馆展厅层大型空间需求，以市民广场的完成界面区分新旧体量，完成由旧到新的转变。

BEST 100

序列 1: 街巷
scene1:Street

序列 2: 二层中庭
scene2:Second floor shininingroom

序列 3: 城市广场
scene3:City square

序列 4: 交通核心
scene4:transport core

序列 5: 门厅
scene5:lobby

序列 6: 电梯厅
scene6:elevator hall

序列 7: 观景台
scene7:sightseeing

序列 8: 公共区域
scene8:community zone

序列 9: 市民广场
scene9:square

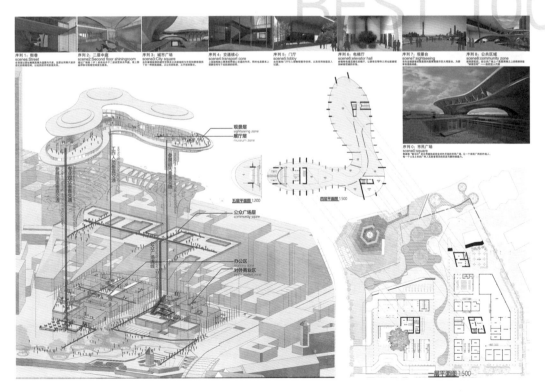

高架桥下的天空

于智超 宋贻泽
烟台大学三年级

设计说明

　　每个城市都有这样的"桥下"角落和人，对于我们惯有的忽视，他们无暇顾及，只依照现在的社会规则生活、工作，这里的人们仿佛是城市中的隐匿部分，当我们偶然靠近，稍经触碰，即被感动。BRIDGE HOUSE 被定义为一个微社区，服务对象为生活在大城市的年轻人。在这个以共享为主题的空间中，居住和办公这两个完全相悖的空间类型将建立联系，私密和公共的界限将变得模糊。在这种城市"消极"空间中诞生的"综合体"居住形式下，借助"桥下"的形式与建筑本体结合，以纯粹的无功能定义的空间，来弱化居住和办公空间类型相悖的定义，我们希望在这样的"桥下"将会创造更多的相遇相知，创造更合适的生活。

BEST 100

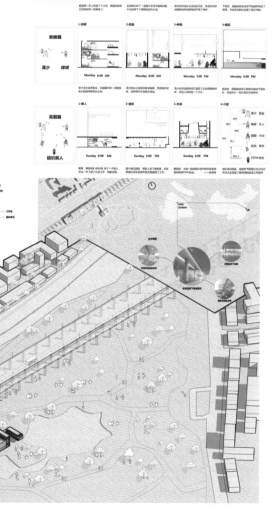

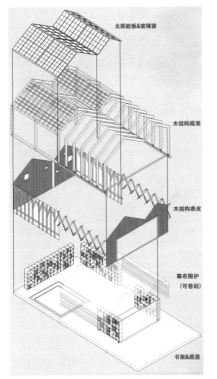

太阳能板&玻璃窗

木结构框架

木结构表皮

幕布围护
(可卷起)

书架&底座

生 长
——乡土环境下的可变图书室

刘叶 朱开元
西安交通大学三年级

设计说明

    任务书所限定的建筑面积是 80m²，而我们不希望将多个功能拘泥于单一的空间范围内。图书室的日常功能在于阅读，但其他频率较低又不可或缺的功能，如演讲、VR 又必须满足，因此我们就设计了这样的一个可移动的单元体。

    单元体两侧是书架，进深 2.8m，底部装有万向轮，可以在室内自由滑动。在日常的阅读行为中，将其开口向内，最大限度满足阅读行为。在进行展览活动时，可将其外置或斜置，可有效增长流线。在进行演讲时，单元体向外旋转，作为背景板，演讲者在单元体中进行演示。当进行 VR 体验时，单元体内向，减少干扰。

■ 项目概况 Project Construction

5F教学楼

建筑面积 80 m²
建筑占地面积 116 m²
场地面积 625 m²
建筑密度 18.6%
建筑容积率 0.13

总平面 1:300

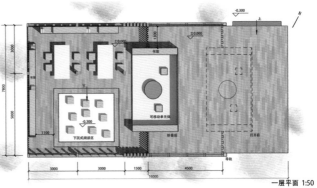

一层平面 1:50

城市剧场设计

邢雨辰
浙江工业大学三年级

设计说明

　　剧场设计之初是一个定位问题。剧场是什么？剧场是一个公共建筑，标志性建筑，还是一个公共场所？这就决定了把剧场当作实体，当作标志性建筑做，而且是城市公共空间活动场所，既然是活动场所，就需要室内外对应。剧场作为一个实体，它是公共活动的载体，同时它吸引了人流，必然有相对应的外部空间——由城市，到街区，至建筑，达节点，设计营造多层次的公共空间，延续原有地形地貌，创造立体空间与地域特征，实体与虚体对应，室内外通过功能进行拉结与融合，互相渗透模糊——这才是一个城市剧场应有的设计。

BEST 100

■ 体量生成

■ 特征提取

剧院的核心体量较为固定，我们的着眼点应该是剧院体量的整合、外部空间的设计和内外的交接。总结提炼剧院的形象特征，可以归纳为：大屋盖、上浮下沉、柱廊形成的灰空间、大片玻璃幕墙、大台阶与平台组合。

■ 人性场所

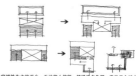

如何激发外部空间的活力？参考伦敦大剧院、洛克菲勒广场、花旗中心前广场等案例，从剧院与场地室内外交接，到主广场透漏掉合设计，到公共空间功能分区定位，下至下沉广场与地铁上盖的整合……

■ 细节分析

与城市隔离的内向河流　　河流成为城市的一部分

穿越性为主的平台，无法使人停留　　楼梯设在角部，激发平台活力

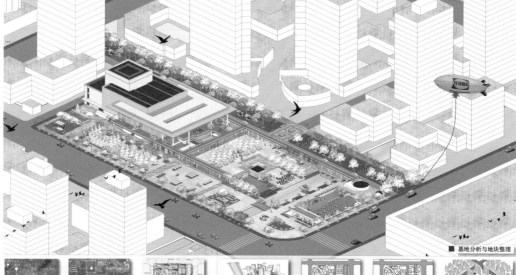

■ 基地分析与地块整理

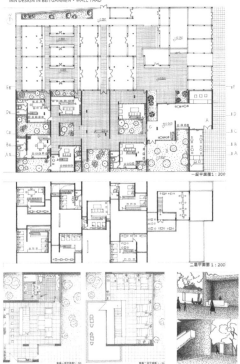

墙 院
——北院门小客舍设计

张皓
西安建筑科技大学二年级

设计说明

在现代都市圈包裹内的西安鼓楼回民街街区是中国城市化进程中一个极其特殊的现象，里面包容了传统性、城市性、地域性、文化性等诸多内涵。方案选址于西安北院门街区，基地毗邻一组保存较好的老宅院——北院门144号院。设计的出发点是对高家的墙进行延伸，这样做可以把高家的巷道引入我的基地，使酒店的交通和高家产生联系。第二步将延伸过来的墙进行水平方向的推移，这样就能形成不同高度、不同宽度的墙，墙推移的轨迹成为楼板和地板，同时这些墙解决了空间和交通问题。第三步，推移出来的墙由于各自的推移长度不同，墙与墙之间形成了相切、相交、相离三种不同的空间状态，对这些不同的空间状态进行分析，最后选定相交这样的空间状态，既能满足空间的趣味性，又能够解决交通问题，调整尺寸，形成方案。

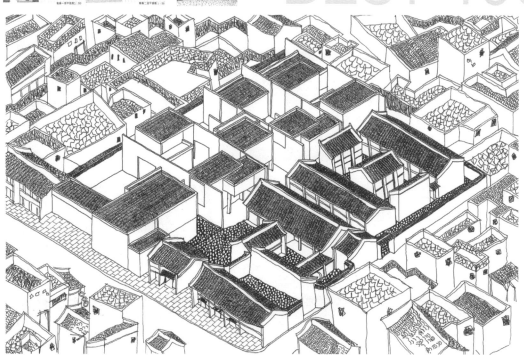

光的艺术品商店
——外部空间小建筑设计

赵俊逸
南京工业大学一年级

设计说明

　　该设计采用素洁的白色，既能完美融入周围环境，又能从中跳出，给人眼前一亮之感，搭配着裸露的圆柱，挑出的梁架以及玻璃框架，创造出丰富的光影效果。本设计也保留了许多大空间，除了带来舒适的人体感受，还给了使用者赋予建筑新的功能的机会。在建筑规划上，该设计也充分考虑了原有场地之精神，空间流线则呈螺旋上升状，清晰明了，方便易达。

　　场地位于南艺设计学院教学楼广场前，做外部空间时，保留了一部分广场，为人流集中场所。小建筑位于广场一端，场地内侧，它的定位是南艺校园所欠缺的艺术品商店，能给学生提供展示和出售艺术作品的平台。作为该设计的趣味中心，最显眼的存在，能吸引游人前来参观，购买艺术品，从而激发场地活力。

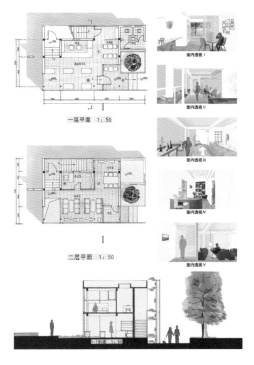

一层平面 1:50

二层平面 1:50

1-1剖面 1:50

室内透视 I

室内透视 II

室内透视 III

室内透视 IV

室内透视 V

功能与视线分析

交通流线分析

空间造型分析

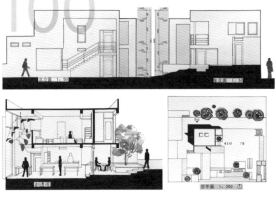

北立面 1:50

东立面 1:50

总平面 1:200

External Space Design
The Art Store of Light

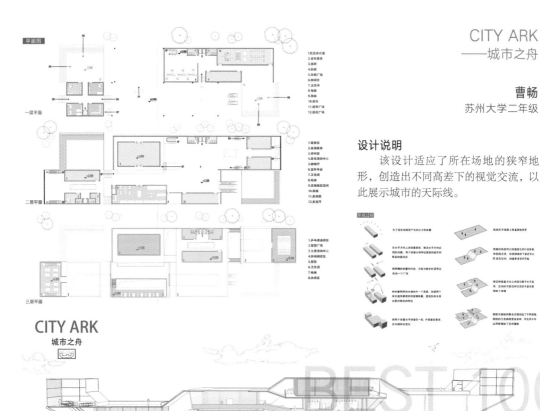

平面图

一层平面

1. 娱乐办公室
2. 老年服务
3. 绿化
4. 药房
5. 风雨广场
6. 休闲区
7. 卫生间
8. 电梯
9. 绿化
10. 超市
11. 城市广场
12. 居民广场

二层平面

1. 健身房
2. 金融服务
3. 游科局
4. 老年活动中心
5. 回廊厅
6. 休闲平台
7. 卫生间
8. 电梯
9. 灵动纵观空间
10. 商铺
11. 城市广场
12. 亲爱厅

三层平面

1. 卢卡娜道游园目
2. 屋顶厂房
3. 儿童活动中心
4. 休闲阅读区
5. 餐饮
6. 卫生间
7. 电梯
8. 休闲区

CITY ARK
——城市之舟

曹畅
苏州大学二年级

设计说明

    该设计适应了所在场地的狭窄地形，创造出不同高差下的视觉交流，以此展示城市的天际线。

CITY ARK
城市之舟

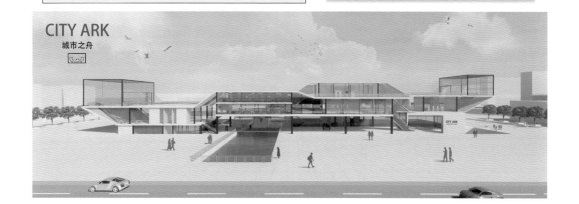

CITY ARK
城市之舟

"智造"
——新工科实验室设计

黄芷璇
武汉大学三年级

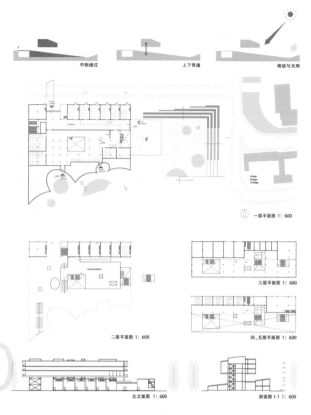

中部通过　　　　上下贯通　　　　南坡与光照

一层平面图 1: 600

三层平面图 1: 600

二层平面图 1: 600

四、五层平面图 1: 600

北立面图 1: 600

剖面图1-1: 600

设计说明

　　任务要求打破传统的单学科学部模式，促成学科融合、实验实践与跨界创新；项目选址则位于校园景观文脉、学生活动热区的交界处。方案体现了这种交融，上、中、下三区分别承担教学研发、交流体验、生产制造的三种功能。

　　上部体量对应"智"，为教学、办公、研发空间，可由东部广场直达；下部体量对应"造"，为实验室、制造工厂、体验店功能，并与北侧弘毅大道直连；中部开放空间对应"生活"，由南向的大草坡屋顶、连接上下体量的几组玻璃交通筒构成。南接山脚休闲步道，北接水电学院，延续出狮山北麓老图书馆、水电学院、主教学楼、东湖的新景观轴线。

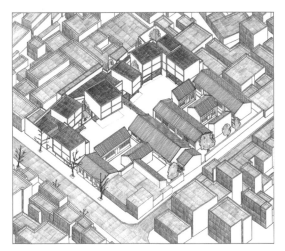

水 院
——北院门小客舍设计

刘冬
西安建筑科技大学二年级

设计说明

项目位于西安市北院门 144 号历史文物遗址高家大院旁。回民街街区是西安文化的一个重要组成部分，这里的表面肌理与西安其他地方截然不同。回民街街区缺少水的元素，故在小客舍设计中将水作为一个重要元素加以考虑。设计采取 U 字形体量以回应高家大院，同时为水院的出现创造空间条件，又可以屏蔽周边城中村等负面因素的影响。在空间生成操作中运用了体量插入的手法，同时考虑建构关系，使插入的若干体量在形态、结构、功能上均与被插入体量产生差异。

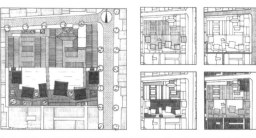

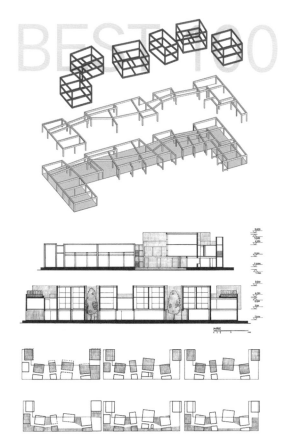

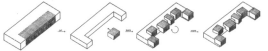

TINY CITY
——建筑系馆设计

刘金日
东北大学三年级

设计说明

    本次设计为某大学新校区建筑系馆设计。建筑系馆作为新校区四个主要教学馆之一，在形制上会受到既有校区规划和另外三个教学馆的影响——在设计中尊重既有规划中两个方形叠加的基本形式，力求在尊重既有环境的基础上创造出丰富舒适的、符合建筑学馆建筑性格和使用功能的空间。

    采用 TINY CITY（微型城市）的设计概念，在保证建筑轮廓符合园区规划的前提下，将大体量的单体建筑化解为多个小体量的建筑——由此产生的多个小建筑为功能设计带来了更大的可调性和便捷性。并且通过小体量建筑的群体组合，围合出多样的、分散的、灵活的，具有不同空间尺度的，类似于微缩版城市的有趣空间。

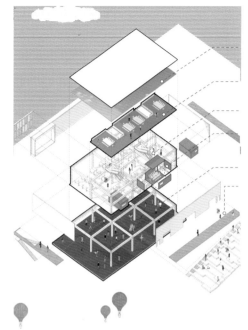

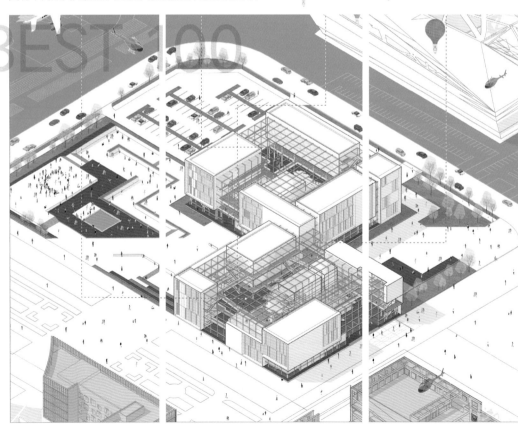

■ 概念阐述 /Conceptual Elaboration

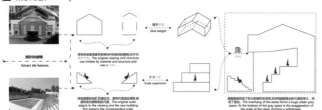

提取场地特征
Extract site features

原有的坡屋顶建筑是受到材料和结构的限制，仅作为一个shell。The original sloping roof structure was limited by material and structure and was a shell.

给予体量
Give weight

扩大尺度
Scale expansion

场地原始的台阶式看台，原有尺度适应观影，新建筑首先提取对应尺度。The original scale adapts to the viewing and the new building first extracts the corresponding scale.

屋檐悬挑形成了巨大的城市灰空间，灰空间底部看台式踏步台阶尺度的夸大，形成了退台。The overhang of the eaves forms a huge urban gray space. At the bottom of the gray space is the exaggeration of the scale of the steps, forming a withdrawal.

■ 场地背景介绍 /Site background introduction

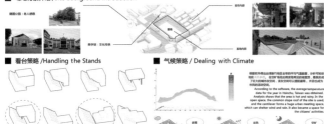

■ 看台策略 /Handling the Stands

针对场地中的台阶，建筑的应对策略总结起来基本有八种，而选合台阶的舞台对称形式更适合该场地。巨大城市灰空间的形成，并且也赋予了机械性的特点。对称形成的退台也是基于场地尺度，并且它促进了市民的活动。In response to the steps in the venue, there are basically eight types of response strategies. And picking the stage and symmetry are more suitable for the venue. The formation of a huge urban ash space has met the characteristics of mechanics. The withdrawal of symmetry is also based on the site scale and promotes urban activities.

■ 气候策略 / Dealing with Climate

根据软件得出台湾新竹地区全年的平均气温数据，分析可知该地区属于夏热冬雨地区。在空旷场地中使用屋顶的通用坡度，最宽的形成了巨大的城市灰空间，该灰空间可以遮挡风雨，并且也成为市民的活动空间。According to the software, the average temperature data for the year in Hsinchu, Taiwan was obtained. Analysis shows that the area is hot and rainy. In the open space, the common slope roof of the site is used, and the cantilever forms a huge urban meeting space, which can shelter wind and rain. It also became a space for the citizens' activities.

同一屋檐下
—Community Library Design

张济东 张倍萍
合肥工业大学三年级

设计说明

　　该场地西北面为生活美学馆，东北面为中正台夜市，西南面和东南面紧邻四层小店铺，而场地内部旧时为体育馆，遗留了四周看台。在如此复杂的场地中，方案提取看台元素以及台湾传统的坡屋顶形式。建筑体块悬挑形成了巨大的城市灰空间，包容了丰富的市民生活。在面向夜市和生活美学馆的一侧，将原有看台改造成室外连廊，将主体建筑、夜市和生活美学馆三者紧密联系。

同一屋檐下
Community Library Design

BEST 100

■ 巨构节点 /Construct Node

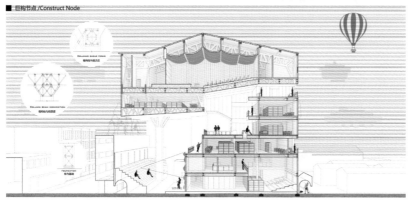

边界延伸 | 城市瞭望台
——新竹市民图书馆与活动中心

江明峰
合肥工业大学三年级

设计说明

　　该设计通过"搭接"的操作，"让边界成为场所"，使得图书馆成为城市瞭望的场所。

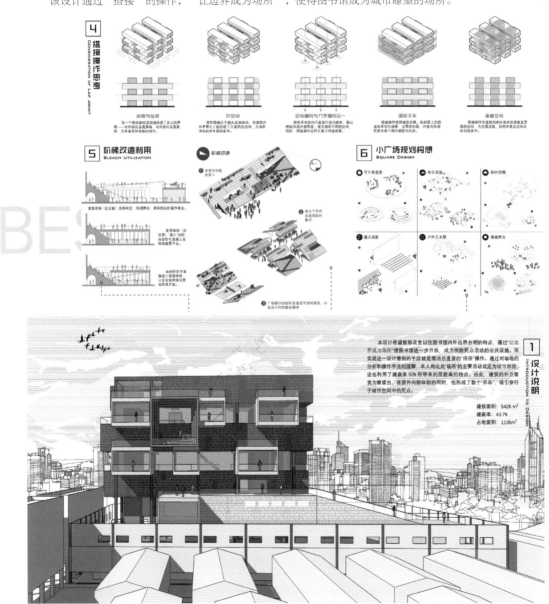

大胡同 3.0
——共享居住综合体

杨祎晖 师雨晨
天津城建大学三年级

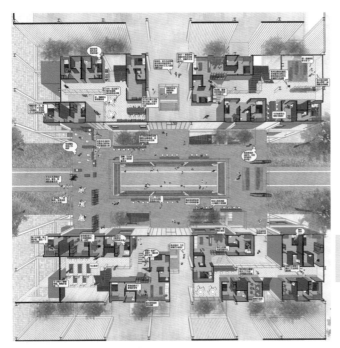

设计说明

　　该设计利用商业综合体原有的结构体系，置入新的居住模块，旨在促进居民的融合、社交。

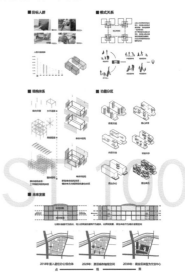

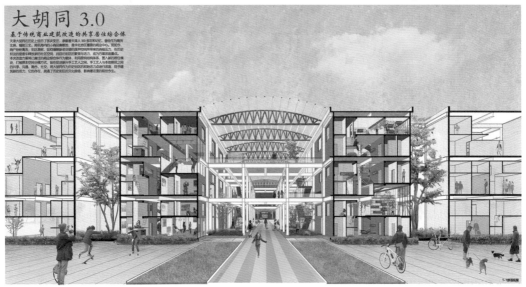

光之印
——仰韶文化遗址博物馆

赵鹏瑞
郑州大学三年级

设计说明

　　博物馆基地选址于塘岗水库沿岸高地，一侧是富有仰韶文物的挖掘断崖，一侧是纯净自然的湿地水岸风光。设计的整体出发点是使博物馆的文物展示与景观观赏休憩功能交叉融合。断崖下方用狭长"裂缝"将基地一分为二，北侧靠近挖掘断崖是文物展示空间，南侧自由跳跃的"景观盒体"穿插入混凝土墙板中，形成景观休息空间，中部由空中连廊连接。

　　博物馆展览层面，通过不同的空间塑造手法引入自然光。时间与光的交融、空间与光的碰撞，均会给观展者带来不一样的空间体验。展览空间划分为三个主要展厅和过渡展厅以及引导连廊，通过改变采光方式影响观展者的心理感受。

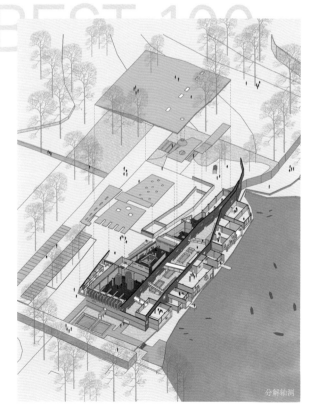

分解轴测

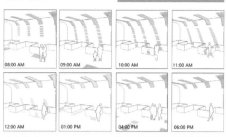

时间与光　不同时间 相同空间 不同空间感受

08:00 AM　09:00 AM　10:00 AM　11:00 AM
12:00 AM　01:00 PM　04:00 PM　06:00 PM

空间与光　相同时间 不同空间 不同空间感受

1.主展厅一　2.过渡展厅　3.主展厅二　4.景观展厅

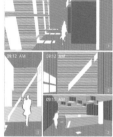

展览采光方式

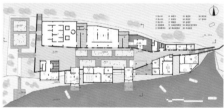

一层平面图　　1:1000

二层平面图　　1:1000

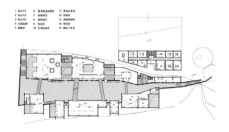

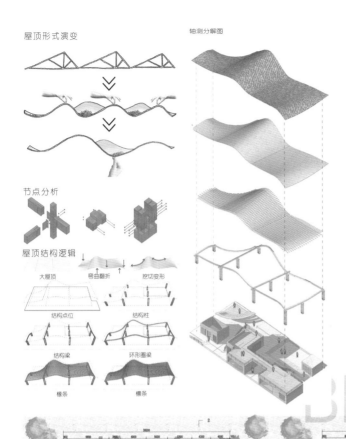

屋顶形式演变

轴测分解图

节点分析

屋顶结构逻辑

大屋顶　　　弯曲翻折　　　挖切变形

结构点位　　　结构柱

结构梁　　　环形圈梁

椽条　　　檩条

檐下·有屋
——村民活动中心

于春晓
重庆大学三年级

设计说明

　　此次课程作业要求针对各农户旧民房进行改造，并为村子新设计一个村民活动中心。经过调查，村子内部缺少村民公共活动空间，不能够满足村民日常集会、集体活动及休息放松的需求。因此方案思路是从周边连绵不断的山峰中提取灵感，用一个曲面大屋顶与四周山势相呼应，将这个大空间用小的方盒子来分割为不同实体空间和灰空间，满足村民的不同需求。同时将在村口闲置的观音像放置在新设计的观音庙中，来满足村民祭拜活动的需要，并设置戏台和观景台来丰富村民农忙之余的文化活动。

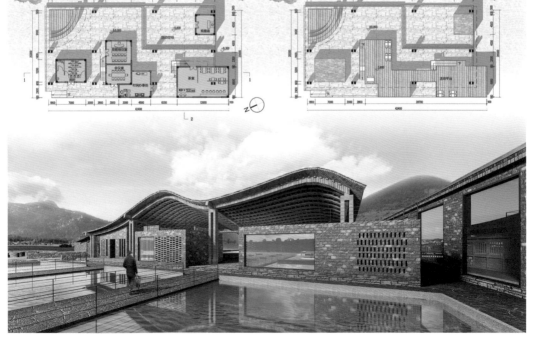

"星 云"
——二年级"住宅+"设计课题

叶崴
武汉大学二年级

设计说明

    业主是一对受聘于高校的艺术家夫妇，方案包含住宅、工作室和小型展廊，需恰当处理功能间连接与独立的关系。

    螺旋作为自然界中的有机形态具有三个特征：一是虚实相生，一个螺旋可以衍生出多个螺旋；二是内外有别，内部较外部的可达程度不同；三是流动缠绕，由发散到收敛的过程中，空间得以流动并且相互渗透。利用这些特征，方案将住宅、工作室、展廊设计为叠合的 3 个螺旋；区分其功能并形成了 3 个独立的出入口；再将水平院子与垂直中庭连接，形成空间、气流、绿化的反向螺旋，进而渗透进建筑内部。

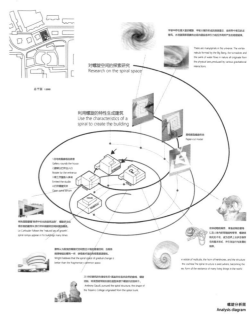

对螺旋空间的探索研究
Research on the spiral space

利用螺旋的特性生成建筑
Use the characteristics of a
spiral to create the building

螺旋分析图
Analysis diagram

中庭透视图
Atrium perspective

剖透视图
Caesarean section

鸟瞰图
Bird-view plan

人点透视图
Perspective

范家玮

西交利物浦大学二年级

设计说明

　　按照任务书的要求，从"Activity"出发，深入研究了老年人不同学习活动对于不同空间的需求，由此产生了散点布局的初步想法，又考虑到苏州的地域文化，决定试着从园林的角度塑造空间。片段式解构留园，生发出传统园林的典型空间语言。以传统的诗句为引，将诗的意境与园林的语言相结合，基于老年人的需求，转译出全新的建筑空间。整个设计分为六部分，分别对应不同的老年人活动，结合诗句的意境与传统文化，都带有各自不同的建筑概念。借此，作者希望老年人能在有限的建筑内部感受到全然不同的空间体验。

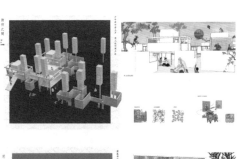

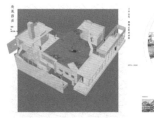

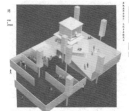

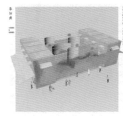

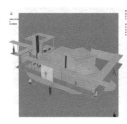

九江剧场

唐寅哲
厦门大学三年级

设计说明

　　该设计尝试结构和功能上的创新，创造富有情感的剧场。

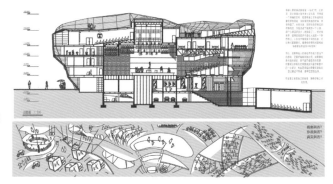

JIU JIANG THEATER

戏剧是对真实的一种群众性的和共同的感受，就是通过整个观众厅和舞台上的人们来表现对真实的一致的共同的感情。

最能达到生动表情的属于于双手的活动，特别是在情绪激动中，如果没有双手活动，就连最能表情的面孔也会显得很没有意义。

戏剧是完备的诗。短暂的诗谛中只具有戏剧的陪衬，而戏剧却如具有充分发展了的短歌和史诗，它概括了它们，包括了它们。

情感的博物馆和美术馆在哪里

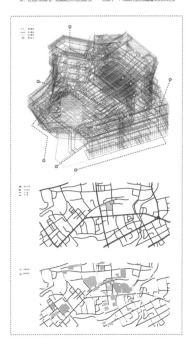

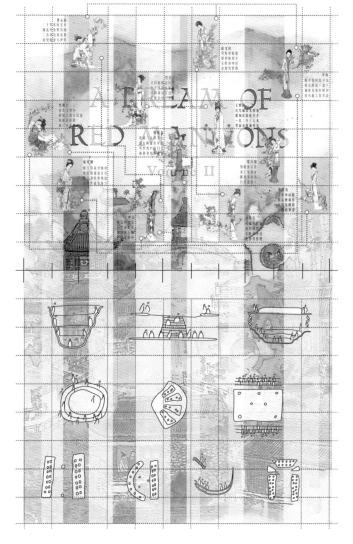

04
竞赛花絮
Titbits of Competition

评委老师

04
竞赛花絮
Titbits of Competition

评委老师
作品展览
互动交流
选手风采
……

05
竞赛名录
Lists of Participants

参赛者名录
初赛评委名录
组委会名录
志愿者名录

作品展览

互动交流

终辩现场

参观东南大学建筑设计研究院

游览四方当代艺术中心

2018东南·中国
建筑新人赛Logo

2018 CHINA
东南·中国
建筑新人赛

NEWER

设计说明

　　2018东南·中国建筑新人赛的Logo以东南大学中大院的剪影为基础，用圈圈波纹将其填充，代表了建筑行业因新人的进入激起了层层涟漪。

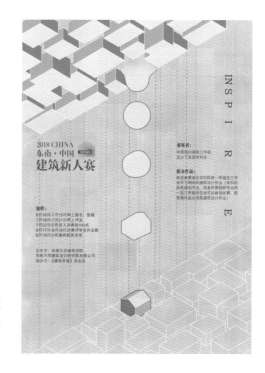

设计说明

　　从场地追溯，最初的灵感在自由落体中不断演变，最终落回场地，以最好的姿态回应了场地的呼唤。

设计说明

　　物质能产生空间弯曲效应而体现出引力，而东南大学以自己的丰厚底蕴影响着建筑界，以新人赛为平台将更多建筑新人汇集一堂，彼此交流，携手成长。

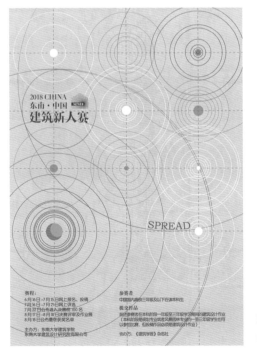

设计说明

　　新人赛是个表达创意的平台，来自五湖四海的参赛选手各抒己见，观点激荡，如同水面落雨泛起圈圈涟漪。

现场喷绘

2018东南·中国建筑新人赛

主办方：2018东南·中国建筑新人赛组委会
承办方：2018东南·中国建筑新人志愿者

INSPIRE

遇·建

GATHER

方案展示交流
主题沙龙活动

8/17 8/19
前一百作品展出/前工院一楼展厅

8/17/9:1 00-21 00
前工院中庭

活动形式：
同学们自愿上台展示自己的作品，下面的同学可以自由点评、
互动交流，在活动结束后由老师们进行点评。
活动参与者将会有纪念品赠送。

SPREAD

活动时间与地点
前工院
2018/08/17

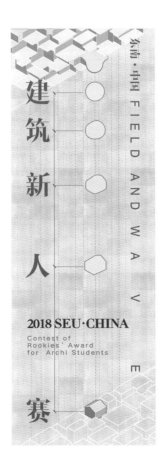

01 写在前面
The Very Beginning

马骏华 张嵩

02 评委寄语
Words of Juries

杜春兰 范悦
李兴钢 王路
朱竞翔 张雷
张彤

03 优秀作品
Works of Excellence

BEST 2
BEST 16
BEST 100

吉祥物小新

04 竞赛花絮
Titbits of Competition

评委老师
作品展览
互动交流
选手风采
……

05 竞赛名录
Lists of Participants

参赛者名录
初赛评委名录
组委会名录
志愿者名录

混凝土笔架&手机支架

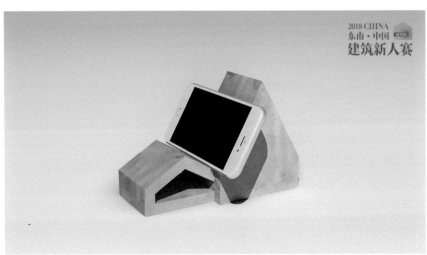

01 写在前面
The Very Beginning

马骏华 张嵩

02 评委寄语
Words of Juries

杜春兰 范悦
李兴钢 王路
朱竞翔 张雷
张彤

03 优秀作品
Works of Excellence

BEST 2
BEST 16
BEST 100

帆布包&纸胶带

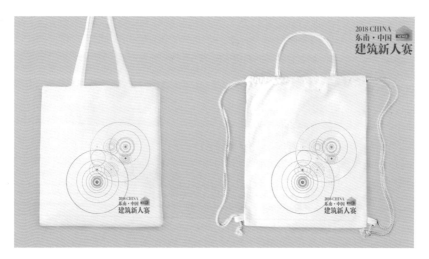

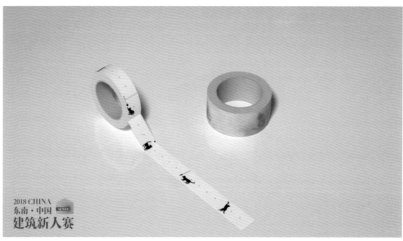

04 竞赛花絮
Titbits of Competition

评委老师
作品展览
互动交流
选手风采
......

05 竞赛名录
Lists of Participants

参赛者名录
初赛评委名录
组委会名录
志愿者名录

文化衫

正面   背面

正面   背面

01 写在前面
The Very Beginning

马骏华 张嵩

02 评委寄语
Words of Juries

杜春兰 范悦
李兴钢 王路
朱竞翔 张雷
张彤

03 优秀作品
Works of Excellence

BEST 2
BEST 16
BEST 100

文件夹

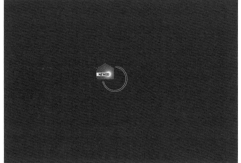

04 竞赛花絮
Titbits of Competition

评委老师
作品展览
互动交流
选手风采
……

05 竞赛名录
Lists of Participants

参赛者名录
初赛评委名录
组委会名录
志愿者名录

胸牌

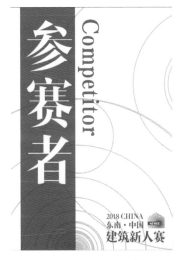

05
竞赛名录
Lists of Participants

01 写在前面
The Very Beginning
马骏华 张嵩

02 评委寄语
Words of Juries
杜春兰 范悦
李兴钢 王路
朱竞翔 张雷
张彤

03 优秀作品
Works of Excellence
BEST 2
BEST 16
BEST 100

参赛者名录

按姓氏拼音首字母排序

A					
安可欣	苏州大学	曹馨文	中央美术学院	陈庆	东南大学
安若琪	山东建筑大学	曹星煜	中国矿业大学	陈秋杏	苏州大学
安雪晴	山东建筑大学	曹之畅	昆明理工大学	陈睿	广州大学
		曹子恒	北京工业大学	陈睿洁	武汉大学
		柴博涵	郑州大学	陈睿鹏	内蒙古工业大学
B		常青	安徽建筑大学	陈丝雨	天津大学
白洪旭	长安大学	常小小	沈阳建筑大学	陈威宇	中国美术学院
白金妮	郑州大学	车婧	昆明理工大学	陈文玲	安徽建筑大学
白杨	华南理工大学	崔佳园		陈晓雨	华南理工大学
白致远	山东建筑大学	陈冰清	天津大学	陈欣仪	沈阳建筑大学
白宗锴	西安建筑科技大学	陈博文	西安建筑科技大学	陈彦哲	东北大学
柏君来	哈尔滨工业大学	陈采薇	中国石油大学（华东）	王涵	
贺川		陈昶宇	武汉大学	陈洋	山东建筑大学
柏玮婕	哈尔滨工业大学	陈程芊	北京建筑大学	陈轶男	东南大学
包嘉敏	华南理工大学	沈子一		陈昱陶	山东建筑大学
卢镛汀		陈德颖	武汉大学	陈钰源	郑州大学
卞秋怡	南京大学	陈冬艳	河北工业大学	陈遇仁	武汉大学
		陈飞宇	西安建筑科技大学	陈煜	华中科技大学
		陈富凯	河北工业大学	陈泽灵	东南大学
C		陈沪	东南大学	张子凡	
蔡斯巍	北京建筑大学	周嘉鼎		陈泽梅	石河子大学
蔡怡杨	合肥工业大学	陈京锴	青岛理工大学	陈致纶	武汉大学
蔡臻	西安建筑科技大学	陈景技	深圳大学	陈智深	东南大学
曹博远	山东建筑大学	陈玖奇	重庆大学	鞠朵	
曹畅	苏州大学	霍梓铭		陈子郁	东南大学
曹冠中	大连理工大学	陈恺凡	山东建筑大学	陈紫瑶	华中科技大学
韦亚君		陈璐洁	合肥工业大学	程浩然	浙江大学
曹楠	华中科技大学	陈美静	浙江大学	郑巍巍	
曹思敏	武汉理工大学	陈锗然	西安建筑科技大学	程慧	烟台大学
曹天远	河北工业大学	陈启东	西安建筑科技大学	鲁越	
曹晓怡	长安大学				

04 竞赛花絮
Titbits of Competition

评委老师
作品展览
互动交流
选手风采
......

05 竞赛名录
Lists of Participants

参赛者名录
初赛评委名录
组委会名录
志愿者名录

程乐开	合肥工业大学	丁任琪	浙江大学	范艺	河北工业大学
程立群	天津大学	丁文晴	北京建筑大学	范玉斌	山东建筑大学
程苗	郑州大学	高栩		方晨蓉	华南理工大学
莫雪纯		丁怡如	东南大学	方菁菁	合肥工业大学
程思颖	天津城建大学	丁轶琨	合肥工业大学	费诚	东南大学
刘坤		丁奕淳	武汉大学	冯博锐	西安建筑科技大学
程逸平	北京建筑大学	丁雨乐	南京工业大学	周葆青	
程颖	天津大学	高炎菲		冯佳宁	西安建筑科技大学
程子轩	台湾金门大学	丁钰杰	海南大学	冯家辉	武汉大学
迟吉睿	河北工业大学	董博	郑州大学	冯嘉伦	大连理工大学
迟敏	安徽理工大学	董航	沈阳建筑大学	冯建豪	台州学院
楚田竹	天津大学	董松	昆明理工大学	冯洁	南京工业大学
丛凯丽	西安建筑科技大学	董泽宇	西安建筑科技大学	冯薇	湖南科技大学
丛逸宁	天津大学	豆天姿	河北工程大学	冯晓铭	中国矿业大学
崔枫楠	华北理工大学	徐勇涛		冯馨怡	西安建筑科技大学
崔琳琳	西安建筑科技大学	窦闻	西安建筑科技大学	冯智	西安建筑科技大学
崔晓晨	西安建筑科技大学	窦心镱	西安建筑科技大学	符标芸	中国矿业大学
崔旭秋	西安建筑科技大学	窦雨薇	北京交通大学	付麒	武汉大学
崔玥君	大连理工大学	窦钰莹	济南大学	傅涵菲	华中科技大学
		杜淦琰	东南大学	傅乐山	东南大学
D		杜楠	合肥工业大学	傅人龙	湖南大学
代晨曦	河北工业大学	杜少阳	山东建筑大学	赵界凡	
代阳阳	昆明理工大学	杜世宇	天津大学		
戴怡茹	西安建筑科技大学	杜洋	武汉大学	G	
邓林娜	天津大学	杜湛业	广东工业大学	盖哲健	重庆大学
邓欣和	同济大学	段夕瑶	昆明理工大学	甘亦丰	郑州大学
黄星泰				甘宇	东南大学
邓燕婷	天津大学	F		高存希	浙江大学
邓铸峰	华侨大学	樊丞浩	华东交通大学	高飞腾	安徽工程大学
梁丰		范涵煦	武汉理工大学	高金	重庆大学
邓子玥	郑州大学	范家玮	西交利物浦大学	林梦佳	
刁游	重庆大学	范旻昕	河北工业大学	高雅娟	中国矿业大学（徐州）
丁千寻	华中科技大学	范惟晶	郑州大学	高元本	天津大学

01 写在前面
The Very Beginning

马骏华 张嵩

02 评委寄语
Words of Juries

杜春兰 范悦
李兴钢 王路
朱竞翔 张蕾
张彤

03 优秀作品
Works of Excellence

BEST 2
BEST 16
BEST 100

董睿琪		郭圣	浙江大学	贺英智	华中科技大学
高子晨	河北工业大学	郭思辰	武汉大学	贺振萍	西安建筑科技大学
高梓瑜	西安建筑科技大学	郭淞	清华大学	赫兰秀	中南大学
郜若辰	天津大学	郭欣玮	武汉大学	陈永豪	
葛效延	烟台大学	郭依瑶	浙江大学	洪琳	深圳大学
李靖元		郭艺源	河南大学	洪宇涵	哈尔滨工业大学
葛治江	华南理工大学	郭奕明	合肥工业大学	洪蕴璐	北京建筑大学
岑虹萱		国珂宁	哈尔滨工业大学	侯雅洁	大连理工大学
葛子彦	同济大学	林子轩		呼文康	东南大学
耿瑀桐	河北工业大学			胡宝树	沈阳建筑大学
宫垒	合肥工业大学	H		胡杰	天津大学
宫昕煜	山东建筑大学	含笑	重庆大学	胡锦珊	沈阳建筑大学
龚书捷	同济大学	韩金梦	河北工业大学	胡凯	西安建筑科技大学
巩彦廷	西安建筑科技大学	韩牧昀	华中科技大学	胡铃儿	浙江大学
苟新瑞	山东建筑大学	韩思呈	西安建筑科技大学	胡梦依	天津大学
顾家溪	天津大学	韩宜洲	合肥工业大学	胡培炜	华中科技大学
顾嘉峰	武汉大学	韩奕晨	重庆大学	胡潜	武汉大学
顾思佳	浙江大学	韩英卓	山东科技大学青岛校区	胡晟国	武汉大学
顾瑜雯	苏州科技大学	魏童		胡思楠	昆明理工大学
郭炳琦	山东建筑大学	韩雨	清华大学	胡晓玥	重庆大学
郭布昕	天津大学	韩志宇	苏州大学	罗可欣	
郭楚怡	东南大学	韩孜奕	山东建筑大学	胡雪晴	华南理工大学
郭格理	西安建筑科技大学	韩子煜	山东建筑大学	胡阳汐	山东建筑大学
郭鸿宾	天津城建大学	郝洪庆	湖南大学	胡烨涵	武汉大学
刘晓玮		郝金立	沈阳建筑大学	胡樱子	大连理工大学
郭辉	西安建筑科技大学	郝子建	大连理工大学	华梓航	沈阳建筑大学
郭佳	西安建筑科技大学	何晨旸	苏州大学	黄灿	天津大学
郭晋哲	扬州大学	何家轶	西安建筑科技大学	黄绮甜	天津大学
金立		何静	武汉大学	黄倩	厦门理工学院
郭菁儿	中南大学	何凯凡	华东交通大学	黄首浩	华东交通大学
郭可珺	华中科技大学	何倩杨	武汉大学	黄唐子	北京建筑大学
郭寇珍	西安建筑科技大学	何宇皓	东南大学	黄婷	华东交通大学
郭铭杰	西安建筑科技大学	岳丽媛		黄夏琳	西安建筑科技大学

04 竞赛花絮
Titbits of Competition

评委老师
作品展览
互动交流
选手风采
……

05 竞赛名录
Lists of Participants

参赛者名录
初赛评委名录
组委会名录
志愿者名录

黄晓童	西安建筑科技大学	江思成	重庆大学	况明凤	合肥工业大学
黄雄深	沈阳建筑大学	江颖乐	华东交通大学		
黄予	东南大学	江玉璇	北京交通大学	L	
黄玥	东南大学	江载涵	长江大学	赖宏睿	天津大学
黄悦阳	西安建筑科技大学	姜俊宏	湖南大学	赖求佳	重庆大学
曾祥诚		张智岚		罗媛	
黄知真	中南大学	姜松	青岛理工大学	赖星	华南理工大学
黄芷璇	武汉大学	杜晓		赖银冰	广西科技大学
黄志斌	郑州大学	姜岳	武汉大学	兰敬涛	大连理工大学
贾心如		蒋皓琛	中南大学	郎蕾洁	东南大学
黄子珊	中南大学	蒋宜芳	哈尔滨工业大学	郎烨程	东南大学
黄梓道	深圳大学	蒋宇萱	西安建筑科技大学	雷博云	西安建筑科技大学
回佩臻	济南大学	蒋雨彤	合肥工业大学	雷思雨	武汉大学
惠金娇	安徽建筑大学	焦伟泉	山东建筑大学	冷格	哈尔滨工业大学
霍然	山东建筑大学	解惠婷	武汉大学	卢昱	
霍霆钧	武汉大学	解季楠	东南大学	冷相宜	西安建筑科技大学
		金仕萌	华南理工大学	李安如	武汉理工大学
J		金小东	昆明理工大学	李冰莹	西安建筑科技大学
嵇晨阳	南京工业大学	金艺丹	东南大学	李博	华东交通大学
李佳玥		金钰阳	同济大学	李博	长江大学
纪雨辰	河北工业大学	金子豪	浙江大学	李超	山东建筑大学
纪雨阳	武汉大学	荆梦娜	中原工学院信息	李晨铭	西安建筑科技大学
季颖真	西安建筑科技大学		商务学院	李代剑	山东建筑大学
季泽磊	华东交通大学	景怡雯	西安建筑科技大学	李顿	东南大学
贾槟宇	天津城建大学			李东耘	东南大学
王媛		K		李旱雨	昆明理工大学
贾睿莹	合肥工业大学	康惊智	郑州大学	李昊星	南京工业大学浦江学院
贾宇婕	天津大学	康善之	重庆大学	李恒佳	重庆大学
刘宇珩		孔捷	南京工业大学	李恒宇	天津大学
贾兆雪	华北理工大学	程惠南		李宏健	南京大学
江冠男	哈尔滨工业大学	孔庆秋	山东建筑大学	李泓昱	武汉理工大学
陈嘉耕		孔好文	西安建筑科技大学	李惠	东北大学
江明峰	合肥工业大学	孔梓淙	武汉大学	李佳惠	武汉大学

01 写在前面
The Very Beginning

马骏华 张嵩

02 评委寄语
Words of Juries

杜春兰 范悦
李兴钢 王路
朱竞翔 张雷
张彤

03 优秀作品
Works of Excellence

BEST 2
BEST 16
BEST 100

李佳乐	南京工业大学	陈泽隆		连海茵	厦门大学
李佳琪	郑州大学	李思齐	华中科技大学	练达	海南大学
李家加	青岛理工大学	李彤	天津大学	练茹彬	北京交通大学
李金科	苏州科技大学	李王博	安徽建筑大学	梁嘉栋	山东建筑大学
李进	山东建筑大学	李为可	哈尔滨工业大学	梁曼	同济大学
李凯	西安建筑科技大学	李潍宇	东南大学	梁庆和	青岛理工大学
李可澜	苏州大学	李希维	东南大学	梁甜	山东建筑大学
李兰雨萱	西安建筑科技大学	李翔宇	东南大学	梁月	河北工业大学
李力维	郑州大学	李小旋	西安建筑科技大学	廖国通	广东工业大学
李霖	广州美术学院	李晓东	山东建筑大学	廖泽辉	华东交通大学
李灵芝	西安建筑科技大学	李晓云	安徽建筑大学	林昌枫	沈阳建筑大学
李美辰	山东建筑大学	李昕燃	东南大学	林凡杰	华东交通大学
李孟盈	北京建筑大学	李欣桐	山东建筑大学	林凯逸	东南大学
李梦瑶	重庆大学	李轩	西安建筑科技大学	林侃	北京工业大学
李明哲	山东建筑大学	李阳	北京工业大学	林瑞翔	西安建筑科技大学
李默然	山东建筑大学	李洋	武汉理工大学	林学旭	长安大学
李沐蓉	沈阳建筑大学	李一童	山东建筑大学	林奕薇	西安建筑科技大学
李牧纯	西安建筑科技大学	李伊	重庆大学	林雨菲	山东建筑大学
李娜	中国石油大学（华东）	陆雨萌		林越东	武汉理工大学
吴宏阳		李咏锜	华中科技大学	蔺朗	北京交通大学
李念依	山东建筑大学	李雨昕	武汉理工大学	刘百舒	北京工业大学
李琪淳	华东交通大学	李玉玺	重庆大学	刘泊静	中南大学
李千川	东南大学	李郁东	西安建筑科技大学	刘昌铭	东南大学
李巧	华南理工大学	李昱融	西安建筑科技大学	刘丛	西安建筑科技大学
李珺君		李韵仪	天津大学	刘道辉	西北工业大学
李泉	东北大学	李泽华	郑州大学	刘冬	西安建筑科技大学
李若成	同济大学	吴奇峰		刘淦	东南大学
李若帆		李兆扬	华南理工大学	刘行健	同济大学
李善真	西安建筑科技大学	李政	天津大学	刘浩然	东南大学
李胜男	沈阳建筑大学	李仲元	重庆大学	刘浩月	天津大学
李实	合肥工业大学	李卓伦	武汉大学	刘皓宇	华南理工大学
江明峰		李子力	华南理工大学	罗苑菁	
李书顺	哈尔滨工业大学	栗泽川	郑州大学	刘纪康	山东建筑大学

04 竞赛花絮
Titbits of Competition

评委老师
作品展览
互动交流
选手风采
……

05 竞赛名录
Lists of Participants

参赛者名录
初赛评委名录
组委会名录
志愿者名录

刘济瑞	长安大学	刘晓彤	内蒙古工业大学	葛宇	
刘嘉宾	山东建筑大学	庞少杰		罗洋	浙江大学
刘金日	东北大学	刘轩宇	山东建筑大学	罗依琳	郑州大学
刘钧广	大连理工大学	刘璇	东南大学	罗懿鹭	北京交通大学
刘凯悦	深圳大学	赵英豪		罗雨	重庆大学
刘磊	中国矿业大学	刘瑶佳	大连理工大学	罗梓馨	郑州大学
邓昊文		邴远哲		罗紫璇	南京大学
刘力源	北京建筑大学	刘叶	西南交通大学	吕世泽	河北工业大学
刘莉轩	西安建筑科技大学	朱开元		吕甜甜	郑州大学
刘梦佳	武汉大学	刘奕辰	西安建筑科技大学		
刘明昊	山东建筑大学		华清学院	M	
刘明浩	武汉大学	刘颖	山东建筑大学	马佳宁	山东建筑大学
刘青寅	大连理工大学	刘羽	西南交通大学	马俊达	河北工业大学
刘清澈	昆明理工大学	刘雨飞	华南理工大学	马可欣	河北工程大学
刘晴晴	天津大学	林志航		马力群	天津大学
刘人宇	山东建筑大学	刘雨秋	武汉大学	马梦艳	武汉大学
刘瑞	河北工业大学	刘雨松	天津大学	马天峥	山东建筑大学
刘圣品	山东建筑大学	刘聿奇	西安建筑科技大学	马鑫玉	华东交通大学
刘仕宸	山东建筑大学	刘赟	武汉大学	马伊琳	昆明理工大学
沈小艺		刘真言	浙江大学	马悦	郑州大学
刘思凯	安徽建筑大学	刘正阳	郑州大学	毛敬言	东南大学
刘芳源		楼烨銮	安徽工程大学	毛珂捷	东南大学
刘思齐	湖南大学	卢嘉琪	湖南城市学院	毛润冬	华东交通大学
刘思懿	郑州大学	卢奕	华南理工大学	梅罗威	西安建筑科技大学
刘斯诺	西安建筑科技大学	卢玉	西安建筑科技大学	梅逸	东南大学
刘同琛	山东建筑大学		华清学院	孟令杰	山东建筑大学
刘威林	内蒙古工业大学	陆超	青岛理工大学	糜伟波	东北大学
刘玮楠	华中科技大学	赵天宇		苗家齐	温州大学
刘文蔚	西安建筑科技大学	陆春华	安徽建筑大学	高雅	
刘汶霖	台湾金门大学	陆华建	长江大学文理学院	苗彧萌	河北工业大学
刘翔	内蒙古工业大学	罗家扬	重庆大学	闵若遥	武汉大学
刘晓丹	山东建筑大学	罗凯	西北工业大学	缪艾伦	昆明理工大学
刘晓蓉	云南大学滇池学院	罗肖瑶	中南大学	缪睿	华中科技大学

01 写在前面 The Very Beginning
马骏华 张嵩

02 评委寄语 Words of Juries
杜春兰 范悦
李兴钢 王路
朱竞翔 张雷
张彤

03 优秀作品 Works of Excellence
BEST 2
BEST 16
BEST 100

王鑫哲		蒲玥潼	重庆大学	覃思远	东南大学
缪彤茜	郑州大学			陈家好	
莫凡毅	武汉大学	Q		R	
莫钫维	重庆大学	戚昕怡	三江学院	任鸿烈	烟台大学
计阅文		齐国伟	山东建筑大学	任青羽	西安建筑科技大学
牟子雍	西安建筑科技大学	齐磊	东南大学	任叔龙	天津大学
穆荣轩	天津大学	齐梦晓	河北工业大学	任晓涵	同济大学
		蔡银坤		任雅甜	合肥工业大学
N		齐羽	西安建筑科技大学	任意	湖南大学
聂一蕾	哈尔滨工业大学	齐越	天津大学	任泽扬	南京工业大学
王敏书		祁国凯	山东建筑大学	任志斌	中原工学院信息
牛家渺	山东建筑大学	钱程	西安建筑科技大学		商务学院
农铠纶	广西科技大学	钱慧婷	东南大学	荣红	天津城建大学
		钱小玮	苏州科技大学	阮梦婕	郑州大学
P		翁尉华			
潘璇	北京工业大学	钱煜文	北京交通大学	S	
潘怡婷	同济大学	尹嘉宁		沙世琰	河北工业大学
潘禹皓	青岛理工大学	钱中华	海南大学	尚春雨	西安建筑科技大学
潘玉喆	北京交通大学	乔大漠	北京建筑大学	邵嘉妍	浙江工业大学
潘悦亭	天津大学	乔玲玲	长江大学	邵锦璠	北京交通大学
庞博宇	合肥工业大学	乔能欢	南京工业大学	冯洁	
庞含笑	河北工程大学	徐启妹		邵译萱	重庆大学
庞璐	西安建筑科技大学	秦瑞烨	西安理工大学	邵苑娴	云南大学滇池学院
庞寅雷	东南大学	秦一丹	西安建筑科技大学	邵泽敏	哈尔滨工业大学
王思语		秦智琪	山东建筑大学	邵珠琦	北京建筑大学
逄丽影	烟台大学	丘容千	北京交通大学	戴维蒙	
彭超	华东交通大学	邱博男	沈阳建筑大学	佘思敏	华中科技大学
彭丹	湖南大学	邱淑冰	武汉大学	沈澄	西北工业大学
冉富雅		邱子倍	湖南大学	沈江瑶	东南大学
彭瀚墨	天津大学	仇佳琪	河北工业大学	周馨怡	
彭溢崟	西安建筑科技大学	屈恩囡	西安建筑科技大学	沈靖力	浙江大学
彭元麓	天津大学	曲彦成	北京交通大学	沈梦帆	苏州大学
彭子轩	山东大学	曲一桐	武汉大学		

04 竞赛花絮
Titbits of Competition

评委老师
作品展览
互动交流
选手风采
……

05 竞赛名录
Lists of Participants

参赛者名录
初赛评委名录
组委会名录
志愿者名录

沈明宇	东南大学	宋晨鸽	武汉理工大学	孙羽奇	山东建筑大学
沈南君	山东大学	宋皓泽	湖南大学	孙钰洁	北京交通大学
沈沛杉	大连理工大学	侯百阳		孙玥	西安建筑科技大学
沈晓莹	华南理工大学	宋宣达	郑州大学	孙悦	合肥工业大学
沈艺芃	清华大学	宋颖	沈阳建筑大学	孙运娟	哈尔滨工业大学
沈治祥	重庆大学	宋雨晨	广西科技大学	郑一鸣	
沈卓	西安建筑科技大学	宋雨峰	西交利物浦大学	孙智霖	湖南大学
盛晓春	南京工业大学	苏博	山东建筑大学	索日	山东建筑大学
高标		苏晴晴	湖南农业大学		
师晓龙	天津大学	黄海龙		T	
师雨晨	天津城建大学	苏汀郁	北京工业大学	谭靖芝	湖南科技大学
杨祎晖		苏月蓉	昆明理工大学	谭凯家	天津大学
施佳蕙	苏州大学	苏子悦	南京工业大学	谭晓霖	武汉大学
施瑶	扬州大学	宿佳境	清华大学	谭祖斌	湖南大学
石建礼	天津大学	孙凡清	湖南大学	汤梅杰	西安建筑科技大学
石俊杰	深圳大学	孙昊楠	西安建筑科技大学	汤雪儿	华南理工大学
石帅波	上海大学	孙佳豪	大连理工大学	唐玮	昆明理工大学津桥学院
石文杰	东南大学	孙靖然	武汉大学	唐寅哲	厦门大学嘉庚学院
石雪莹	烟台大学	孙兰堃	天津大学	唐泽羚	天津大学
邓雨		孙敏	南京工业大学	唐哲坤	东南大学
石瑶	哈尔滨工业大学	孙铭崧	天津大学	陶俊熹	三江学院
石张睿	苏州大学	孙齐昊	郑州大学	陶启阳	哈尔滨工业大学
时慧	浙江大学	王航		陶阳	华南理工大学
时甲豪	郑州大学	孙琦	天津大学	陶永健	南京工业大学浦江学院
史翠雅	哈尔滨工业大学	孙瑞	大连理工大学	田亚坤	合肥工业大学
史志文	华东交通大学	孙士博	山东建筑大学	田昱菲	西安建筑科技大学
侍星宇	南京工业大学	孙思	华北理工大学	田源	华中科技大学
舒昕	武汉大学	孙锡嘉	中国石油大学（华东）	童子潇	中央美术学院
束安之	中国矿业大学	赵萌		涂晗	同济大学
水浩东	重庆大学	孙英皓	山东建筑大学	涂奕	西安建筑科技大学
水思源	华中科技大学	孙颖	东南大学		
司文	北方工业大学	陈美伊		W	
思黛博	西安建筑科技大学	孙榆婷	华南理工大学广州学院	万洪羽	东南大学

汪瑞洁 西安建筑科技大学
王爱嘉 天津大学
王安 南京工业大学
刘鹏飞
王曾 河北工业大学
王潮 扬州大学
王琛 盐城工学院
王大超 南京工程学院
王帆 武汉大学
王港慧 西安建筑科技大学华清学院
王国芳 华东交通大学
王海燕 山东建筑大学
王皓宇 同济大学
王灏 西安建筑科技大学
王宏室 济南大学
王晖 哈尔滨理工大学
张王文钧
王卉 中原工学院信息商务学院
王嘉仪 北京交通大学
王菁 重庆大学
王君宜 三江学院
王俊伟 山东建筑大学
王楷文 同济大学
王乐彤 湖南大学
严淑敏
王嫘琦 西安建筑科技大学
王琳 中原工学院信息商务学院
王琳佚 沈阳建筑大学
王璐瑶 合肥工业大学
王檬 哈尔滨工业大学

胥明伟
王柠 西安建筑科技大学
王诺君 河北工业大学
王培儒 西安建筑科技大学
王沛萌 郑州大学
王璞 东南大学
王奇睿 东南大学
王淇藩 苏州科技大学
王琪 合肥工业大学
王启蒙 沈阳建筑大学
王庆东 山东建筑大学
王荣月 东南大学
王瑞 西安建筑科技大学华清学院
张文轩
王睿超 中国矿业大学
王若菂 合肥工业大学
王思君 昆明理工大学津桥学院
王苏威 天津大学
王太泽 西安建筑科技大学
王天莲 安徽工业大学
王晓茜 中国石油大学（华东）
王心 北京工业大学
王心如 山东建筑大学
王心怡 西安建筑科技大学
王新喆 天津大学
王旭 天津大学
王璇 河北工业大学
王雪怡 西安建筑科技大学
王炎初 西北工业大学
王诣童 华南理工大学
赵思颖
王轶 浙江大学

王胤雄 东南大学
王瑜瑾 湖北工程学院新技术学院
王瑜婷 山东建筑大学
王宇杰 台湾私立东海大学
王雨阳 西安建筑科技大学
王玉珏 北京建筑大学
李斓蓓
王钰涵 武汉大学
王垣茗 安徽建筑大学
王月瞳 东南大学
达玉子
王韵沁 重庆大学
粟雨晗
王蕴伟 昆明理工大学
王泽昊 安徽建筑大学
王振宇 北京工业大学
王孜赫 郑州大学
刘康
王子航 武汉大学
王子琪 烟台大学
李琳
王子毅 天津大学
王子玥 西安建筑科技大学
韦斯蓉 西安建筑科技大学
韦昱光 苏州大学
方毅璇
卫斌 南京大学
卫雪珉 武汉大学
未爱霖 天津大学
魏宝华 郑州大学
魏森 河北工程大学
魏新乾 武汉大学

04 竞赛花絮
Titbits of Competition

评委老师
作品展览
互动交流
选手风采
……

05 竞赛名录
Lists of Participants

参赛者名录
初赛评委名录
组委会名录
志愿者名录

魏育才	青岛理工大学	吴长荣	南京工业大学	肖雨	昆明理工大学
魏正旸	中南大学	吴慰	湖南城市学院	谢靖嵘	天津大学
温皓	苏州科技大学	吴羲	天津大学	谢林静	西安建筑科技大学
文婷	天津大学	吴晓璇	东南大学	谢祺铮	东南大学
文艺	武汉大学	吴蕙萱	郑州大学	谢润明	北方工业大学
翁钰展	重庆大学	吴雨彤	天津大学	谢文驰	中国矿业大学
吴冰	河北工业大学	吴雅祺	东南大学	谢晓寅	西安建筑科技大学
吴晨阳	西安建筑科技大学华清学院	伍沛璇	华南理工大学	谢心意	重庆大学
		张泽森		白晴	
吴迪	华中科技大学	伍婉玲	西安建筑科技大学	谢宇航	昆明理工大学
吴福兴	武汉理工大学	伍叶子	天津大学	辛萌萌	重庆大学
吴冠啸	西安建筑科技大学	伍梓鑫	华东交通大学	辛润霖	武汉大学
吴佳丽	华南理工大学	仵云程	青岛理工大学	辛阳鹏	河南理工大学
吴其聪		潘禹浩		辛雨辰	西安建筑科技大学
吴佳芮	东南大学	武景岳	西安建筑科技大学	邢贵贵	西安建筑科技大学
吴佳颖	东南大学	武涛	西安建筑科技大学	邢海玥	昆明理工大学
吴家名	西安建筑科技大学华清学院	武晓宇	山东建筑大学	王越	
		武云杰	华北理工大学	邢璐	北京建筑大学
吴家伟	武汉大学	邓博文		邢雨辰	浙江工业大学
吴嘉玮	西南交通大学			邢梓晗	重庆大学
吴建楠	天津大学	X		幸周澜屹	重庆大学
吴金泽	天津大学	席远	西安建筑科技大学	熊若彤	西安建筑科技大学
许斐然		夏松	南京工业大学	熊莞仪	武汉大学
吴可欣	华东交通大学	夏毓翎	南京工业大学	熊雨涵	合肥工业大学
吴柳青	浙江大学	刘玉玲		熊粤	华东交通大学
吴梅蕊	重庆大学	夏芷叶	西安建筑科技大学	徐灿	武汉大学
吴祺琳	同济大学	向伟静	武汉大学	徐逢夏	山东建筑大学
吴闪	安徽建筑大学	项芳辉	哈尔滨工业大学	徐浩健	同济大学
吴思熠	郑州大学	肖静	西安建筑科技大学	徐红婷	河北工业大学
吴添蓉	华中科技大学	肖俊	华南理工大学	徐化超	山东建筑大学
林暄颖		肖威	西安建筑科技大学	徐嘉迅	华南理工大学
吴恬恬	安徽建筑大学	肖奕均	武汉大学	徐嘉悦	天津大学
丁世康		肖宇	同济大学	徐景泰	河北工业大学

01 写在前面 The Very Beginning
马骏华 张嵩

02 评委寄语 Words of Juries
杜春兰 范悦
李兴钢 王路
朱竞翔 张雷
张彤

03 优秀作品 Works of Excellence
BEST 2
BEST 16
BEST 100

徐婧	天津城建大学	许智雷	天津大学	姜发钟	
王炜宇		薛诚路	天津大学	杨启帆	西安建筑科技大学
徐婧婕	西安建筑科技大学	薛春轩	西北工业大学	杨蓉	大连理工大学
徐靖凯	重庆大学城市科技学院	薛敏然	东南大学	杨若梅	河北工业大学
吴明万		朱睿吉		杨尚林	山东建筑大学
徐匡泓	西安建筑科技大学	薛晴予	深圳大学	杨书涵	重庆大学
徐凌芷	华南理工大学	薛文劲	上海大学	杨斯捷	重庆大学
徐璐	烟台大学	薛琰文	东南大学	杨松	天津城建大学
徐露	安徽建筑大学	薛紫薇	中南大学	杨涛	重庆大学
徐明月	山东建筑大学			杨天朗	华南理工大学
徐芊卉	三江学院	Y		杨雯玉	武汉大学
徐蓉	海南大学	鄂雨晨	东南大学	杨潇	东南大学
徐思学	浙江大学	陈冰红		杨晓涵	西安建筑科技大学
徐文轩	台湾金门大学	闫博韬	山东建筑大学	杨啸林	河北工业大学
徐雪健	天津大学	闫方硕	天津大学	杨鑫宇	武汉大学
徐尧天	长安大学	闫富晨	天津大学	杨绪伦	西安建筑科技大学
徐正文	湖南大学	闫瑾	华南理工大学	杨璇	西安建筑科技大学
徐志维	深圳大学	严雨婷	东南大学	杨一钒	清华大学
徐致远	武汉大学	刘子玥		杨译凯	西北工业大学
许慧	天津大学	羊如翼	华中科技大学	杨莹璇	华中科技大学
许锦灿	南京工业大学	杨昌胜	安徽建筑大学	杨于卜	西安建筑科技大学
史小宇		孙杰		杨雨晴	中国矿业大学
许锦辉	河南理工大学	杨辰放	中央美术学院	杨雨欣	郑州大学
许琳	天津大学	杨涵	重庆大学	杨裕雯	南京工业大学
许凌子	大连理工大学	杨豪	深圳大学	王舒恬	
许璐颖	同济大学	杨豪	西安建筑科技大学	杨悦	西安建筑科技大学
许宁佳	天津大学	谢妮楠		杨赟	郑州大学
许诗曼	天津大学	杨皓凯	长安大学	杨正阳	中国矿业大学
许文锦	东南大学	杨捷	西安建筑科技大学	么知为	郑州大学
许逸伦	湖南大学	杨静轩	沈阳建筑大学	杨柯馨	
许樾	湖南大学	杨楷	天津大学	姚秉昊	苏州大学
许云鹏	南京工业大学	杨柳	沈阳建筑大学	姚孟君	山东建筑大学
朱逸龙		杨敏	郑州大学	姚秀凝	东南大学

04 竞赛花絮
Titbits of Competition

评委老师
作品展览
互动交流
选手风采
......

05 竞赛名录
Lists of Participants

参赛者名录
初赛评委名录
组委会名录
志愿者名录

潘玥		余青钱	东南大学	张帆	武汉大学
姚依容	天津大学	余思苇	天津大学	张帆	同济大学
叶宸维	西交利物浦大学	俞欢	东南大学	张格	北京建筑大学
叶海涛	武汉大学	虞晨阳	清华大学	张皓	西安建筑科技大学
叶家兴	华中科技大学	虞凡	浙江大学	张宏源	沈阳建筑大学
叶鸣	南华大学	郁杰	东南大学	张济东	合肥工业大学
叶旎	浙江大学	袁源	中南大学	张倍萍	
陶一帆		苑瑞哲	北京建筑大学	张建	广西科技大学
叶旺航	天津城建大学	王俊凯		张建为	华东交通大学
范敬宜		岳然	哈尔滨工业大学	张杰	哈尔滨工业大学
叶崴	武汉大学	岳小超	河北工业大学	朱映恺	
叶子超	浙江大学			张靖宜	武汉大学
张蔚		Z		张可心	湖南大学
叶子辰	北京建筑大学	宰春锦	西安建筑科技大学	王泽恺	
殷超	天津城建大学	臧媛媛	天津城建大学	张克元	西安建筑科技大学华清学院
高云枫		张鑫			
尹先来	华东交通大学	翟凌雨	山东科技大学	张蕾	西安建筑科技大学
尹欣怡	中央美术学院	翟沛帆	东南大学	张力康	西安建筑科技大学华清学院
尹玉	内蒙古科技大学	陈玉斌			
尹毓君	西安建筑科技大学	詹强	同济大学	张路瑶	郑州大学
应婕	浙江大学	周华桢		张璐	苏州大学
雍楚晗	西安建筑科技大学	詹子苇	武汉大学	张明娣	昆明理工大学津桥学院
于春晓	重庆大学	张傲阳	西安建筑科技大学华清学院	张栖宁	天津大学
于涵	山东建筑大学			张奇正	西安建筑科技大学
于智超	烟台大学	张碧荷	西安建筑科技大学	张琪瑞	西安建筑科技大学
宋贻泽		张弛	郑州大学	张芊蔚	同济大学
于子涵	山东建筑大学	张楚涵	合肥工业大学	张茜雅	河南理工大学
于子童	湖南大学	张聪慧	海南大学	张钦泉	中央美术学院
韩叙		张大钊	长安大学	张溱旼	山东建筑大学
余嘉傲	华东交通大学	张岱	西安建筑科技大学	张秋驰	合肥工业大学
余曼玲	华南理工大学	张荻	河北工业大学	张秋砚	西安建筑科技大学
李璨得		张东兴	大连理工大学	张确	华中科技大学
余孟璇	华中科技大学	张恩蔚	山东建筑大学	张森宇	山东建筑大学

01 写在前面
The Very Beginning

马骏华 张蕙

02 评委寄语
Words of Juries

杜春兰 范悦
李兴钢 王路
朱竞翔 张雷
张彤

03 优秀作品
Works of Excellence

BEST 2
BEST 16
BEST 100

张姗姗	昆明理工大学	张艺超	武汉大学	赵晨璋	北京建筑大学
张仕宽	中原工学院信息商务学院	张忆	重庆大学	赵呈煌	中国矿业大学
		何晨铭		赵谷橙	河北工业大学
陈一帆		张颖	南京工业大学	赵婧柔	天津大学
张姝铭	天津大学	王博晓		赵君毅	山东建筑大学
张斯曼	苏州大学	张雨	武汉大学	赵俊逸	南京工业大学
张松	山东建筑大学	张雨奇	中央美术学院	赵力瑾	哈尔滨工业大学
李垠昊		张雨晴	北京林业大学	仲雯	
张天骄	河北工业大学	张雨馨	北京交通大学	赵良	西安建筑科技大学
张玮仪	大连理工大学	罗元佳		赵梦静	武汉大学
张文	西安建筑科技大学	张煜	长春大学旅游学院	赵鹏瑞	郑州大学
张文博	西安建筑科技大学华清学院	张煜童	东南大学	赵倩	郑州大学
		张芸凤	武汉大学	赵昕怡	天津大学
张文俊	郑州大学	张增荣	西安建筑科技大学	赵亚迪	西北工业大学
刘浩		张增延	武汉大学	赵有上	山东建筑大学
张曦元	西安建筑科技大学	张振	烟台大学	赵宇	西安建筑科技大学
张显民	山东建筑大学	张震	合肥工业大学	赵雨	南京工业大学
张潇	东南大学	张智林	大连理工大学	赵与谦	
张小林	厦门大学	张智奕	重庆大学城市科技学院	赵苑辰	西安建筑科技大学
张晓丽	华东交通大学	史喆		郑春燕	山东建筑大学
张笑凡	东南大学	张中国	三江学院	郑纯柔	郑州大学
张笑悦	西安建筑科技大学	张卓艺	郑州大学	郑丹妮	华东交通大学
张岫泉	哈尔滨工业大学	张子安	南京工业大学	郑佳茜	天津大学
张泽慧		丁文		郑钧忆	东南大学
张绪林	北方工业大学	张子博	合肥工业大学	郑秋晨	中南大学
王炳棋		张子凡	东南大学	郑天澍	沈阳建筑大学
张雅鑫	西安建筑科技大学华清学院	陈泽灵		郑婷	西安建筑科技大学
		张子鑫	西安建筑科技大学	郑显峥	西安建筑科技大学
张延彬	烟台大学	张子洋	华南理工大学	郑翔中	山东建筑大学
张砚雯	山东建筑大学	张梓烁	同济大学	郑友宇	昆明理工大学
张一凡	西安建筑科技大学	章高健	武汉大学	卢明春	
张怡翔	郑州大学	章雪璐	浙江工业大学	郑运新	安徽建筑大学
赵哲		赵桉楠	武汉大学	郑珍秀	浙江科技学院

04 竞赛花絮
Titbits of Competition

评委老师
作品展览
互动交流
选手风采
......

05 竞赛名录
Lists of Participants

参赛者名录
初赛评委名录
组委会名录
志愿者名录

钟鸿峰	深圳大学	周歆悦	天津大学	朱诗瑶	武汉大学
钟雨	烟台大学	周雅楠	华中科技大学	朱文慧	山东建筑大学
田芸		周妍	湖南大学	朱文渊	天津大学
钟祉姗	武汉大学	杨思昀		朱翼	东南大学
周楚	山东建筑大学	周烨	浙江大学	张卓然	
周楚茜	东南大学	周颖	长安大学	朱垠青	清华大学
周凡	武汉大学	周钰洁	华南理工大学	庄筠	华南理工大学
周昊雨	华东交通大学	周媛	石河子大学	陈凌凡	
周浩	南京工业大学	周韵	南京工业大学	庄琳	山东建筑大学
周慧云	山东建筑大学	周洲	长江大学	邹明汛	武汉大学
周杰	合肥工业大学	朱倍莹	西安建筑科技大学	邹一卉	郑州大学
王潇		朱冰	武汉理工大学	邹雨薇	郑州大学
周晋璇	同济大学	朱晨康	三江学院	左钊鹏	哈尔滨工业大学
周隽恒	东南大学	朱鼎策	重庆大学	曾港俊	安徽建筑大学
周乐宁	重庆大学	朱静文	苏州大学	曾令婕	华南理工大学
黄逸涵		朱蕾	天津城建大学	曾倩	四川农业大学
周理洁	合肥工业大学	高楠		曾雁鸿	台湾清华大学
周鹏博	河北工程大学	朱力辰	东南大学	曾译萱	华南理工大学
张腾		肖嘉欣		曾译莹	
周桥	华中科技大学	朱琳	山东建筑大学	曾增志	昆明理工大学
周润鑫	四川农业大学	朱洛钲	长安大学	查俊	河北工业大学
周思文	东南大学	朱梦晨	河北农业大学		
周晓然	山东建筑大学	朱瑞琳	华南理工大学		

01 写在前面
The Very Beginning

马骏华 张嵩

02 评委寄语
Words of Juries

杜春兰 范悦
李兴钢 王路
朱竞翔 张雷
张彤

03 优秀作品
Works of Excellence

BEST 2
BEST 16
BEST 100

初赛评委名录

安徽建筑大学
周庆华

北京建筑大学
郝晓赛

北京交通大学
程力真

大连理工大学
李慧莉

东南大学
刘捷 马骏华 唐芃
夏兵 朱雷 朱渊

广东工业大学
陈丹

广州大学
姜省 万丰登

哈尔滨工业大学
董宇 韩衍军 刘滢
薛名辉

合肥工业大学
曹海婴 刘阳 刘源
苏剑鸣

河北工业大学
赵小刚

河南大学
梁春杭

湖北工业大学
孙靓

湖南大学
陈娜 卢健松 章为

华南理工大学
陈昌勇 苏平 徐好好
钟冠球

华中科技大学
王玺

昆明理工大学
华峰

兰州理工大学
孟祥武

南昌大学
吴琼 叶雨辰

南京工业大学
沈晓梅 周扬

内蒙古科技大学
孙丽平 魏融 殷俊峰

青岛理工大学
王少飞

厦门大学嘉庚学院
董立军

厦门理工学院
高燕

山东建筑大学
门艳红 任震 赵斌

深圳大学
陈佳伟 王浩峰 肖靖

苏州大学
张靓

天津大学
贡小雷 魏力恺 许蓁

张昕楠

武汉大学
黎启国

西安建筑科技大学
崔陇鹏 靳亦冰 梁斌
颜培

西安交通大学
雷耀丽

西北工业大学
刘京华 宋戈

西华大学
钟健

西南民族大学
麦贤敏

烟台大学
张巍

云南大学
王玲

长沙理工大学
何川 胡颖荭

郑州大学
陈伟莹

中央美术学院
丁圆 虞大鹏 周宇舫

重庆大学
陈科 田琦

04 竞赛花絮
Titbits of Competition

评委老师
作品展览
互动交流
选手风采
......

05 竞赛名录
Lists of Participants

参赛者名录
初赛评委名录
组委会名录
志愿者名录

组委会名录

总负责	成员
唐芃　张嵩	朱雷　　张嵩　　马骏华　　唐斌

志愿者名录

总负责

周嘉鼎

外联组

严顺卿（组长）

陈源	洪云	刘昌铭
庞寅雷	邵云通	沈明宇
沈雨晴	王耀萱	王一竹
严雨婷	杨灵	张磊
张煜童	张玥莹	朱自洁

宣传组

谢斐然（组长）

关毅	刘青青	刘子豪
唐荣康	许文锦	杨清
张宸	张学荣	赵芮澜
赵英豪		

现场组

解季楠（组长）

陈家好	姜悦慈	李函
林柯宇	刘乐欣	潘玥
石文杰	徐金图	姚秀凝

网络组

张卓然（组长）

黄子璐	李翔宇	鲁松洌
马雨琪	孙宇轩	王月瞳
徐雨涵	薛琰文	虞子璐
袁锦瑞	张潇予	朱翼

致谢

■主办单位：

东南大学建筑学院

东南大学建筑设计研究院有限公司

■协办媒体：

《建筑师》杂志

■纪念品赞助：

东南大学六朝松纪念品专营店

■微信官方平台：

建筑新人赛 CHN

内容提要

2018 年，"东南·中国建筑新人赛"第六次举办，共收到全国 91 所院校建筑学专业 1~3 年级学生提交的共 1153 件课程作业；经来自全国各校近百名教师的网络初评，选出 100 件优秀作品，于盛夏展于东南大学；再由 7 位评委组成的决赛评委团选出其中 16 件作品进行现场答辩，最终决出 BEST 2 参加"亚洲建筑新人赛"总决赛。

本书记录了此赛事的全过程，刊登了排名前 100 的佳作，让人领略各校建筑设计课程教学的特色、建筑新人们的创意和表达，提供学习、交流的良机；书中对赛事的回顾、分析以及评委给予建筑新人的评点、寄语，亦促人思考我国建筑设计教学的问题和发展趋向。

本书可供建筑学及相关专业师生以及对设计及教学感兴趣者阅读、参考。

图书在版编目（CIP）数据

2018 东南·中国建筑新人赛 / 唐芃，张嵩主编 .—
南京：东南大学出版社，2019.8
ISBN 978-7-5641-8492-6

Ⅰ . ① 2… Ⅱ . ①唐… ②张… Ⅲ . ①建筑设计 – 作品 – 中国 – 现代 Ⅳ . ① TU206

中国版本图书馆 CIP 数据核字（2019）第 159210 号

2018 东南·中国建筑新人赛
2018 DONGNAN·ZHONGGUO JIANZHU XINRENSAI

主　　编：唐　芃　张　嵩
出版发行：东南大学出版社
社　　址：南京市四牌楼 2 号　　邮编：210096
出 版 人：江建中
责任编辑：姜　来　朱震霞
网　　址：http://www.seupress.com
电子邮箱：press@seupress.com
经　　销：全国各地新华书店
印　　刷：南京新世纪联盟印务有限公司
开　　本：787mm×1 092mm　1/16
印　　张：11.75
字　　数：240 千字
版　　次：2019 年 8 月第 1 版
印　　次：2019 年 8 月第 1 次印刷
书　　号：ISBN 978-7-5641-8492-6
定　　价：78.00 元

本社图书若有印装质量问题，请直接与营销部联系。电话：025-83791830

INSPIRE ———— GATHER ————SPREAD